Marcel Kalberer Micky Remann

Grüne Kathedralen

Die weltweite Wirkung wachsender Weiden

AT Verlag

Die Anfänge des modernen Weidenbaus (1984–1998) sind dokumentiert in:
Marcel Kalberer und Micky Remann: Das Weidenbaubuch, AT Verlag 1999

AT Verlag, Aarau und München
Umschlagbilder: Vorderseite: Thomas Quartier, Lörrach;
Rückseite: Sandra Arnts, Hille; Marcel Kalberer, Herdwangen
Lithos: AZ Grafische Betriebe AG, Aarau
Druck und Bindearbeiten: Stalling, Oldenburg
Printed in Germany

ISBN 3-85502-890-7

www.at-verlag.ch

Inhaltsverzeichnis

Noch im Paradies…

... oder schon in der Zukunft?

Micky Remann ■ Marcel Kalberer ist ein visionärer Architekt und ein lausiger Prophet. Nichts hat ihn so berühmt gemacht wie eine prophetische Zeichnung, die er mit seinem eigenen Meisterwerk allerdings gründlich widerlegt hat. Wenn Ihnen das rätselhaft vorkommt, lesen Sie die ersten zwei Sätze bitte gleich noch einmal oder einfach weiter im Text. Im Folgenden wird nämlich erklärt, warum Marcel Kalberer mit seiner unscharfen Prophezeiung zugleich eine Inspiration geliefert hat, die aus der Zukunft des Stadt-, Land-, Garten- und Kathedralenbaus nicht mehr wegzudenken ist, weil sie vom ökologischen Underground in den architektonischen Mainstream ganz real emporwächst, wobei »wächst« wirklich wörtlich zu verstehen ist.

Die Vorgeschichte dieser Geschichte erschließt sich über einen Umweg, der uns in die Endphase des 20. Jahrhunderts und dort zum Atelier Sanfte Strukturen im winzigen Dorf Heggelbach am Bodensee führt, wo Marcel Kalberer seit Jahren wohnt und wirkt. Zusammen mit seiner Frau, seiner Tochter und einer erweiterten Großfamilie aus Künstlern und Architekten hat er dort Bauten und Bücher konzipiert, die meist derart abenteuerlich waren, dass alle, die sich an Hochglanz-Architekturmagazinen delektieren, außer Naserümpfen zunächst einmal wenig dafür übrig hatten, was bei Projekten wie Eispalast in Polen, Fliegender Teppich in Ulm, schwimmender Titanic-Nachbau in Frankfurt/Main sowie der Publikation »Rock 'n' Roll der Architektur« nicht wirklich verwundern kann. Andererseits hat dies Sanfte Strukturen nicht davon abgehalten, diese und andere Unternehmungen tatkräftig in die Welt zu setzen, so dass die ihnen zugrunde liegenden guten Gedanken sichtbar wurden, zur Geltung kamen, international Resonanz fanden, um letztlich doch die Diskussion über zeitgenössische Baukunst und Architektur zu beeinflussen, peu à peu, wie ein heimlich wirkendes Enzym, aber maßgeblich. Nicht wenige Architekten, deren Arbeiten man es heute nicht unbedingt ansieht, haben im Studium bei Kalberers Natur- und Aktionsarchitektur mitgewirkt und daraus wertvolle Anregungen und persönliche Erinnerungen bezogen. Irgendwann schälte sich aus dem bunten Strauß von Marcels Aktivitäten ein Hauptthema heraus, eines, mit dem er sich identifizierte und mit dem er in zunehmendem Maße identifiziert wurde: das Bauen mit Weiden. Genauer: das Pflanzen von gebundenen, zu Bausch und Bogen geformten, in die Erde gesteckten, dort wurzelnden, wachsenden und jährlich frisch begrünt austreibenden und sich ausbreitenden Weidenruten zu raumgreifenden, architektonisch durchdachten Lebendbaukonstruktionen. Wer mit aufmerksamen Augen die Gestaltung von Schulhöfen, Kinder- und Schrebergärten verfolgt, wird an diesem Punkt zustimmend nicken und sagen: Ja, so etwas kenne ich auch! Das Déja-vu ist

Prophezeichnung Auerworldpalast

1999

2002

einerseits zutreffend, denn das Pflanzen und Errichten von Weidenbauten ist im besten Sinne populär geworden, weil Jung und Alt damit unglaublich einfach, geradezu spielerisch, beglückende, langlebige Ergebnisse erzielen können. Vermutlich muss man heute von einem beliebigen Standort in Mitteleuropa nicht weiter als fünfzig Kilometer fahren, um irgendwo ein Beispiel des Weidenbaubooms anzutreffen (gegenüber vermuteten 200 Kilometern bei Drucklegung des ersten Weidenbaubuchs von 1999). Andererseits darf man über den wild und volkstümlich wuchernden Weidentunneln, Weidenhütten und Weidenlauben nicht übersehen, dass Marcel Kalberers bio-architektonische Umgestaltungsambitionen sich keinesfalls auf diese Ebene verkürzen lassen und vor kathedralenhaften Dimensionen keineswegs zurückschrecken. Wäre es anders, gäbe es dieses Buch nicht.

Ob kleingliedrig und privat oder planetarisch und gigantisch: Weidenbauten jeglicher Couleur entsprechen einer Maxime, die Dietmar Steiner, Direktor des Wiener Architekturzentrums, aufgestellt hat, obwohl er an ihre Umsetzbarkeit vermutlich selbst nicht glaubt: »Allein das Nichtbauen ist ökologisch verantwortbar.« (Dietmar Steiner: »Mitte. Danke. Deutsche Architekten wollen weder Stars sein – noch richtig in den Dreck greifen: Genau das ist ihr Problem«, in: Süddeutsche Zeitung, 12. September 2002.) Unter diesem Aspekt ist auch die imposanteste, Bundesgartenschauflächen und Weltausstellungshöhen überwölbende Taj-Mahal-Konstruktion aus Weiden kein Energie und Ressourcen verschlingender Neubau, sondern ein astrein ökologisch verantwortbarer, radikaler Nichtbau – und trotzdem moderne Architektur.

Was hat das alles mit Marcel Kalberers Unzulänglichkeit als Prophet zu tun? Folgendes: Der Qualitätssprung vom Weidenbau als Wille zur grünen Nischenpflanzung zum Weidenbau als Vorstellung einer architektonischen Globaloffensive, diese historische Wasserscheide wird markiert durch den »Auerworldpalast« im thüringischen Dorf Auerstedt, Kreis Weimarer Land. Über Entstehung und Aussehen dieses filigranen Rundlings und dieser Mutter aller gepflanzten Großbauten wurde im Weidenbaubuch (Kalberer/Remann 1999) sowie in internationalen Gartenbau- und Architekturzeitschriften – inzwischen sogar in der Hochglanz-Liga – ausführlich berichtet. Über der Berühmtheit des Auerworldpalasts droht ein wichtiger Aspekt in Vergessenheit zu geraten. Vor seiner Pflanzung im Frühjahr 1998 gab es keinen Präzedenzfall, keinen Prototypen vergleichbaren Ausmaßes. Danach jedoch setzte ein sprunghafter Weidenbau-Wettstreit und kreativer Pflanzboom ein, bei dem nicht zuletzt um die Krone des Superlativs des »weltgrößten Weidenbaus« gestritten wurde. Beispiele dieser Bauepoche füllen das vorliegende Buch.

Rückblickend erscheint der Auerworldpalast in seiner Bedeutung der kleinen Abteikirche Saint-Denis vergleichbar, die, 1144 eingeweiht, zum stilprägenden Lotsen wurde, dem die nachfolgenden Giganten der Gotik quasi im Schlepptau folgten. Oder dem Empire State Building: Von den hoch aufgeschossenen Kindern längst in den Schatten gestellt, bleibt es doch die Mutter der Gattung Wolkenkratzer und hat als solche ihren Platz in der Geschichte erhalten. Das Empire State Building wurde mitten in die ärgste Wirtschaftskrise der dreißiger Jahre hineingebaut, ein trutzig aufstrebender Affront gegen die »Great Depression«. Der Auerworldpalast, sechzig Jahre danach, hat sich wie ein selbst gepflanztes Ufo in die landschaftlich reizvolle, aber nicht gerade durch wirtschaftlichen Reichtum gekennzeichnete Region in Nordostthüringen gesenkt und dort zu einer Stimmungsaufhellung beigetragen, die sich insbesondere bei gut betanzten Auerworldfesten zum Vollmond bemerkbar macht.

So gradlinig, wie in der Rückschau der Weg zum Ziel wirkt, so ungewiss war sein Verlauf in der Vorschau, als weder Weg noch Ziel vorhanden waren und die Verwirklichung des Auerworldpalasts am seidenen Faden der Überzeugungskraft des Architekten Marcel Kalberer hing. Am Anfang steht die Idee, der Idee folgt ein Plan, der Plan konkretisiert sich in der Vorschau, die Vor-

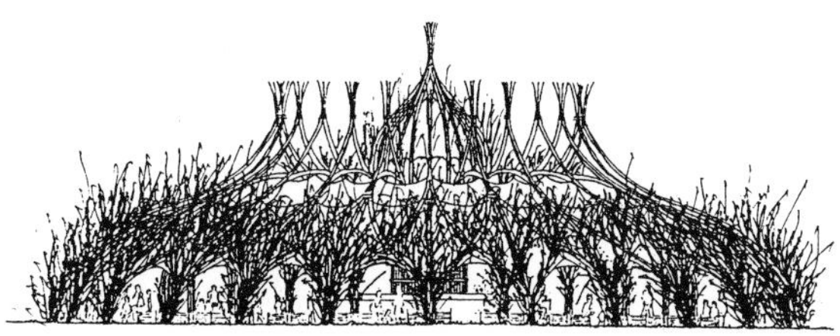

2005

2009

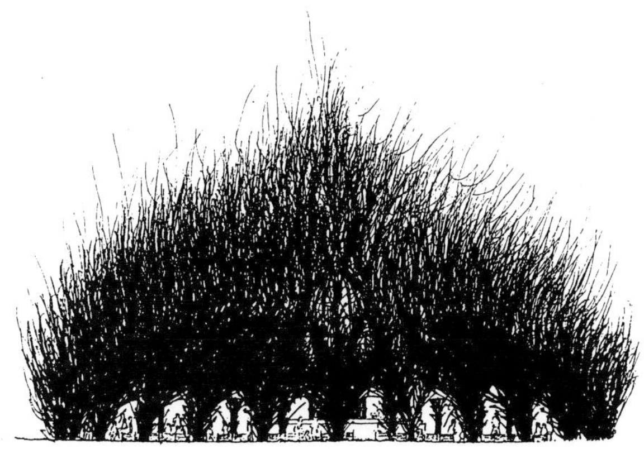

2012

schau mausert sich zur Prognose. Die zum Äußersten entschlossene Schwester der Prognose schließlich kulminiert in der Prophezeiung. Eine solche zu skizzieren kam Marcel Kalberer damals nicht umhin, um darzulegen, wie er sich den Auerworldpalast aus Weidenruten vorstellte und welche Entwicklung er seiner Meinung nach zwingend durchlaufen werde. Schließlich besitzt ein lebender Weidenbau im Gegensatz zu Gebäuden aus totem Baumaterial eine wachstumsbedingt sehr unstete Form, die sich mit einer gleich bleibenden Fassadenansicht weder zementieren noch darstellen lässt. Nun ist es für Menschen mit einer ausgeprägten konstruktiven Fantasie oft schwierig, sich vorzustellen, dass sich andere Menschen vieles schlecht oder überhaupt nicht vorstellen können. (»Ich sehe es so klar vor Augen, dass ich es dir gar nicht erst sagen muss!«) Kurz, eines Abends wurde es Marcel Kalberer zu lästig, dem Vorstellungsunvermögen anderer hilflos ausgeliefert zu sein, und weil potenzielle Unterstützer dringend um eine vorzeigbare Ansicht des Auerworldpalasts baten (»Nur eine kleine Skizze, am besten gleich rüberfaxen.« »Wann?« »Sofort!«), brachte er eilig, die sich wandelnde Gestalt des Weidenbaus im Laufe der Zeit darstellend, eine Sequenz aus fünf Wachstumsphasen zu Papier, so wie man aus einem dieser beliebten Zeitrafferfilme von knospenden, aufblühenden und wieder verwelkenden Pflanzen ein paar charakteristische Standbilder herausgreift. Unter die fünf Phasen des Auerworldpalasts setzte er flugs wie auf den Lottoschein ein paar Jahreszahlen: 1999, 2002, 2005, 2009, 2012, fertig und dann ab mit dem Fax in die Weltgeschichte.

In den Archiven der Münchner Architektursammlung lagert ein stolzer Bestand an nachgelassenen Entwürfen, der größte in Deutschland. 350 000 Zeichnungen von rund 700 Architekten umfasst die stolze Sammlung, dazu 100 000 Fotografien, 500 Modelle sowie Stiche und Computeranimationen, baumeisterliche Schöpfungen aus sechs Jahrhunderten, detailliert geplante Architektenträume von Balthasar Neumann über Le Corbusier bis Daniel Libeskind – alle unverwirklicht wie so vieles, was einfallsreiche Hirne hervorbringen. Kaum einer dieser schlummernden Entwürfe – die deswegen nicht schlechter als die verwirklichten sein müssen – kann es an Berühmtheit und Verbreitung mit Marcels fünfteiliger Skizze des Auerworldpalasts aufnehmen, die sich wie eine Anweisung an die architektonische Dimension der Natur lesen lässt: Bitte so wachsen, wie hier von mir, Marcel Kalberer, Architekt, husch husch dargestellt. Entscheidend ist, dass die Skizze den über die Jahre sich zyklisch beschleunigenden Formenwandel auf den Punkt bringt, der eine Eigenheit der Weidenbauten ist, die immer auch Weidenbäume bleiben. Vielleicht gründet die bemerkenswerte Karriere dieser Zeichnung in dem Umstand, dass sie den Unterschied zwischen totem und lebendigem Baumaterial sinnfällig macht. Steinernen Häusern, die nicht gerade auf der Unesco-Liste des Weltkulturerbes stehen, die Zukunft vorherzusagen, führt schonungslos in die Resignation: Abriss, Verfall, Verschandelung, unsachgemäße Sanierung oder Zerstörung, viel mehr gibt es da nicht zu prognostizieren. Und der Rest kann froh sein, es wenigstens bis in die Keller der Münchner Architektursammlung geschafft zu haben.

Anders Kalberers prophetische Zeichnung. Selten wurde eine Architekturskizze so berühmt wie diese. Selten auch wurde eine Zeichnung so sehr für bare Münze genommen, herumgereicht, fotokopiert und für waschechtes Expertenwissen gehalten. Selten wurde eine Architekturzeichnung so wenig auf ihren Wahrheitsgehalt überprüft. Denn kaum jemand aus der Schar der Staunenden hat sich daran gestört, dass Wachstum und Entwicklung des Auerworldpalasts die Prognosen seines geistigen Vaters längst zur Makulatur werden ließ. Es bedarf weder eines Architekturstudiums noch allzu tiefschürfender botanischer Kenntnisse, um bei einem Ortstermin in Auerstedt mit eigenen Augen zu der Erkenntnis zu gelangen, dass sich der Auerworldpalast um Marcels Vorgabe nicht geschert hat. An dessen Maßstab gemessen befinden wir uns schon heute mindestens im Jahre 2008. Die Zukunft ist näher, als gedacht!

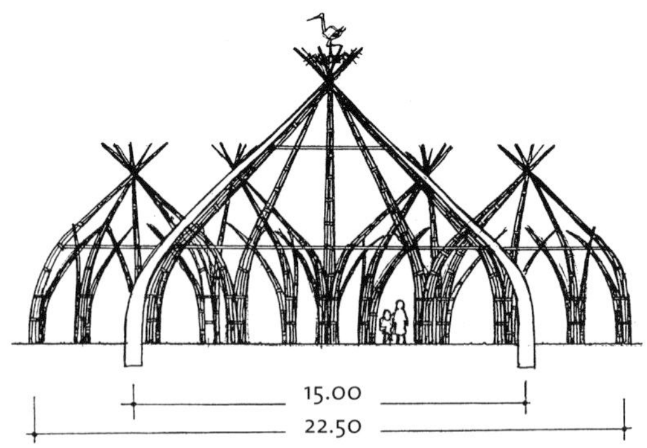

Ansicht

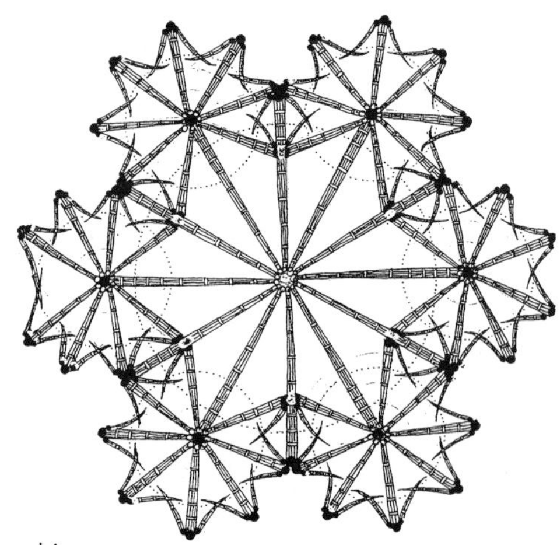
Grundriss

Weidenschloss in Bremerhaven

Modell 1 : 20

Weidenschloss Bremerhaven, Fertigstellung: Ostern 2003

Lucia und Walfried, 1998

Sonja und Switbert unterm Kätzchenschirm, 2002

Aus Hecken werden Häuser in Bonn

Den zahlreichen Lesern des »Weidenbaubuches« (Marcel Kalberer/Micky Remann, Das Weidenbaubuch, Die Kunst, lebende Bauwerke zu gestalten, AT Verlag 1999) sind die ersten Seiten des neuen Buchs gewidmet. Haben Sie den Auerworldpalast wiedererkannt? Hier zeigen wir Ihnen drei von dreißig Weidenwerken, die in der Stadtgärtnerei Bonn von Walfried Pohl und Luzia Mayer und vielen freiwilligen Helfern betreut werden und deren Anfänge im Weidenbaubuch dokumentiert sind.

Drei Jahre sind vergangen, aber Walfried und Luzia sitzen noch immer gerne, wenn auch mit getauschten Plätzen unterm Weidenschirm. Die Weiden haben die unüblichen Formempfehlungen dankbar aufgenommen und sind kraftvoll den Vorgaben nachgewachsen.

Das offene Klassenzimmer soll als Vorzeigebeispiel für die vielen geplanten grünen Klassenräume dienen. (Walfried Pohl, Luzia Meyer: Aus Hecken werden Häuser – Bauwerke als Baumwerke, Deutscher Werkbund Nordrhein-Westfalen, Bonn 2000; Dokumentation Weltweites Projekt der EXPO 2000.)

Prototyp: Offenes Klassenzimmer

Luzias Urlaube (nach R. Doernach)

Winterweidenreigen

Frühlingsweidenreigen

Sommerweidenreigen

Weidenreigen

Der Weidenreigen im bodenseenahen Billafingen ist das älteste öffentliche Weidenbaumwerk der Gruppe Sanfte Strukturen und wird geehrt und geachtet als Methusalem unter den Weidenkonstruktionen. Der Weidenreigen begann 1988 mit einem Pflanz- und Tanzwochenende der Eltern der Kindergartenkinder und hat seitdem nicht mehr aufgehört, sich in organischer Gemütlichkeit weiter zu drehen.

Vor aller Kinderaugen vollführen die Weiden jedes Jahr das Schauspiel der Wandlungen:
Im Winter sind sie kahlköpfig geschnitten,
im Frühling treiben die Knospen und Kätzchen,
im Sommer entfaltet sich die Ruten- und Blätterpracht
und wird im Herbst zu einem bunten Abschiedsstrauß.

Der alljährliche Reigen der Natur, ein Ballett des Wachstums und der Vergänglichkeit, ein Schauspiel des Lebens – jeden Tag anders und doch stets vertraut.

(Marcel Kalberer und Micky Remann: Das Weidenbaubuch, AT Verlag 1999. Darin ist dieses Baubeispiel neben vielen weiteren ausführlich dokumentiert. Mit Fragen und Antworten, Tipps und Tricks zum Selberbauen.)

Stemmen und Drücken

Traumfängerturm in Arlesheim

Spiel- und Kletteranlage

Kletterbaumtraum

Grüne Sitzbank aus Vögtlins Kreativwerkstatt

Veranstalter: Sonja Bachmann, Sybil Aeschlimann, Sabina Leuppi
Schappe-Siedlung in Arlesheim, Schweiz, April 2002
Entwurf und Ausführung: Therese Vögtlin und Sabine Leuppi mit Anwohnern und Freunden

Glockenturm und Weidenhängebrück

Was kann einen Baumeister mehr entzücken als Glockentürme und Brücken? Die Glocke überbrückt große Entfernungen mit ihrem Klang, die Brücke überbrückt tiefe Schluchten mit ihrer Konstruktion. Um wie viel lebendiger aber klingt eine Glocke, wenn die Rahmenhölzer des Glockenturms aus Weidenbündeln gepflanzt werden, die sich in zehn Meter Höhe treffen? Und um wie viel beglückender ist das Betreten einer Brücke, die aus lebendem Material gebaut ist? Anfänglich wird die Brücke von einer Hängekonstruktion aus Stahlseilen und Bambusrohren getragen, doch schon nach wenigen Jahren hat sie sich so weit ausgewachsen, dass sie aus eigener Kraft die Passanten ans andere Ufer trägt.

Modell 1 : 20

Wildes Aufrichten

Endmontage

Klangverstärktes Wachstum

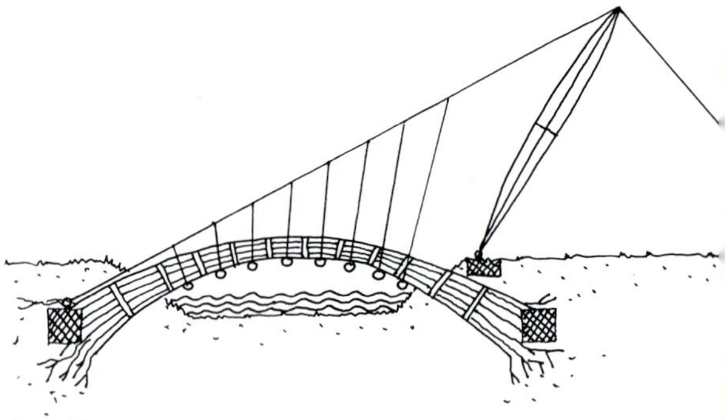

Ansicht

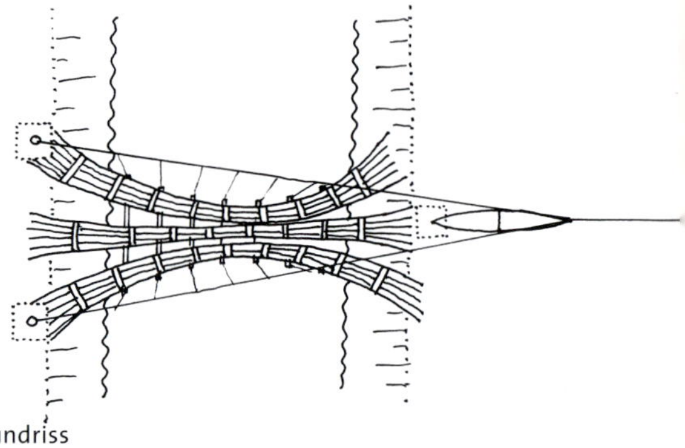

Grundriss

Veranstalter: Pfarrer Billmann, Blumenvikar Ritter, Ökumenische Kirchen und Seepark Linzgau Stadt Pfullendorf, Johann Senner, Gartenarchitekt, Überlingen, März 2001
Planung und Ausführung: Sanfte Strukturen: Marcel Kalberer, Bernadette Mercx, Anna Kalberer, Dorothea Kalb-Brenek, Moritz Freise, Norbert Madlener, Michael Kussl und freiwillige Helfer der Kirchgemeinden Pfullendorfs

n Pfullendorf

Zu neuen Ufern mit Bambus-Weiden

Bühne in Wunsiedel

Weidenbühne im Josefheim, Wunsiedel, Fichtelgebirge; viertägige Bauaktion mit Jugendlichen und Erwachsenen, geleitet von Petra Evacic und Rainer Warzecha, Mai 2002

Ein ganz besonderes Festgebäude erwächst vor dem Kinder- und Jugendhilfezentrum in Wunsiedel. Der Baukünstler Rainer Warzecha verwirklicht hier mit Jugendlichen einen Ort für die Sinne und die Fantasie. Der mosaizierte Königsthron, das Kopfhaus aus Lehm und weitere noch entstehende Gestaltungen erzählen eine unendliche Geschichte, die mit der grünen Bühne ihren Fortgang findet und mit weiteren geplanten Natur-Kunst-Objekten und Aktionen wohl gänzlich zum Märchen wird.

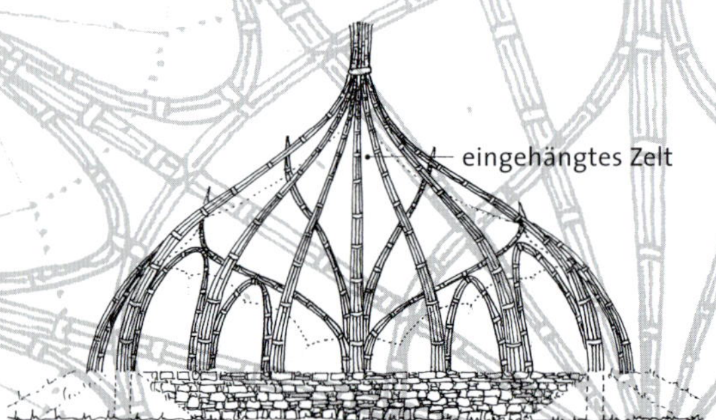

Veranstalter: St. Josef Kinder- und Jugendhilfezentrum. Selbsthilfeprojekt für ein Spiel- und Festgelände von Kindern und Jugendlichen
Künstlerische Leitung: Rainer Warzecha
Entwurf und Ausführung: Sanfte Strukturen: Marcel Kalberer, Petra Evacic, Rainer Warzecha und zehn freiwillige Helfer von Wundsiedel
Dauer: 3 Tage im Mai 2002

Gewölbe im Tharandter Wald

Gebetskuppel an der Kirche Fördergersdorf, Tharandter Wald; viertägige Bauaktion mit Jugendlichen und Erwachsenen, geleitet von Jan Deicke, April 2002

Ruten verbunden zu einem stabilen räumlichen Gitter

Lebendholz-Kuppeln in Triesch

1993 pflanzte Konstantin Kirsch dieses Wohnhaus in Triesch. Die verflochtenen Kreuzungspunkte wachsen zusammen und sollen später eine geschlossene lebende Holzwand bilden. Im »Weidenbaubuch« zeigten wir die Anfänge dieses Langzeitversuchs. Hier sehen Sie den aktuellen Wuchsstand. Mit dem Haus ist auch die Zeichnung von Susanne Feldmann weitergewachsen.

Wohnhauswand 2002

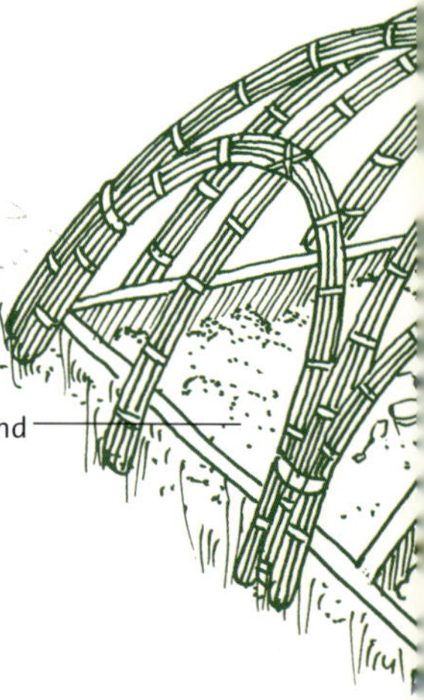

Schattendach in Bockelwitz

Grün, viel Grün! Grün ist unsere Hoffnung, unser Wunsch und Traum!
Wir hoffen, dass so, wie die Weiden von Jahr zu Jahr mehr und mehr Grün hervorbringen, auch der Spielplatz mehr und mehr Leute inspiriert, neue Ideen auszuprobieren.
Wir wünschen, dass so, wie die Weiden sich jedes Jahr mehren, auch die Zahl jener zunimmt, die sich nicht fertige Spielplätze hinsetzen lassen, sondern diese selbst gestalten.
Wir träumen, dass so, wie die Weiden immer weiter wachsen und sich bündeln, auch der Kreis jener Menschen wächst und sich bündelt, die Spielplätze als Treffpunkte für kleine und grosse Leute nutzen.

Bernadette erläutert den Flugknoten

Veranstalter: Sylvia Eggert, Spielträume e.V., Bockelwitz-Naundorf, und Marit Vissiennon, LKJ, Leipzig, Mai 2001
Entwurf und Realisierung: Sanfte Strukturen: Bernadette Mercx mit Freiwilligen und Seminarteilnehmern

Augenweide in Meeschendorf auf Fehmarn

Camper bilden langjährige bis lebenslängliche Gemeinschaften und sind darin Bäumen und Baumgruppen nicht unähnlich. Camper pflegen ihr Feriendomizil wie den Garten Eden und besuchen es mehrmals jährlich. Als die Adams und Evas dieser ökologisch vorbildlichen Campingsiedlung zur »Grossen Pflanzaktion« riefen, war die Resonanz groß. Ob Arbeitsfest oder Bauparty – die Gelegenheit, gemeinsam etwas zu unternehmen, wurde kreativ und kommunikativ beim Schopf gepackt. Nach fünf heiteren Tagen für dreißig bis fünfzig aktive Kinder, Jugendliche, Eltern und Rentner war der Weidenraum, grün und großartig, gepflanzt. Augenweide wurde er später getauft und für Veranstaltungen, Meditationen und Rituale genutzt.

Weiden sind Camper wie du und ich – Frühjahr 2002

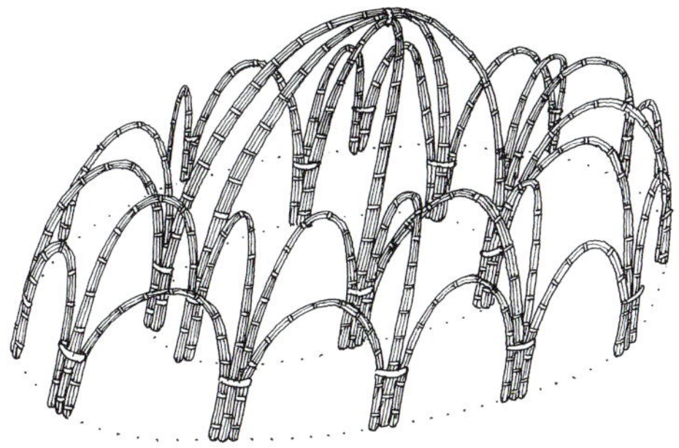

Willowhenge

Sommer 2002

Veranstalter: Ellen und Jens-Peter Bumann, Camping Südstrand Meeschendorf auf Fehmarn
Planung und Ausführung: Sanfte Strukturen: Marcel Kalberer und Therese Vögtlin mit jungen und alten Campern, April 2002

Victoria-Pavillon in Malmö

Modell im Maßstab 1 : 20

Dorothea Kalb-Brenek ■ Fliegt man über den Weidenwald in Malmö, zieht mitten drin eine geometrische Form den Blick auf sich.

Ist es ein Mikroorganismus? Ein Einzeller? Ein Radiolar?

Oder werden wir Zeugen davon, wie das Zifferblatt einer gerade entstehenden Uhr gepflanzt wird?

Sechs Weidenbogen lehnen aneinander, gewagt geneigt, umschließen einen Raum, der einer Kugelkalotte gleicht: rund, gewölbt, schützend.

Dort, wo zwei Bogen zusammenkommen, strebt ein langer Rutenpfeiler in die Höhe, in den Himmel ragend, zielstrebig auf den einen Punkt zu, der alle sechs aufstrebenden Binder verbindet.

Soll die geometrische Form etwa in einem anderen Maßstab gesehen werden? Im Maßstab 1 : 1000 oder 1 : 100 oder 1 : 1?

Kronprinzessin Viktoria von Schweden steht jetzt genau im Mittelpunkt des Gebäudes, das speziell für sie konzipiert und gepflanzt wurde, behütet im lebenden Weidenblätterraum.

Handelt es sich bei dieser Erscheinung vielleicht um ihren Hut mit großer Krempe, kuppelförmiger Spitze und integriertem Krönchen?

Alles ist möglich.

Saule royal

Spitze mit Kronzeltchen

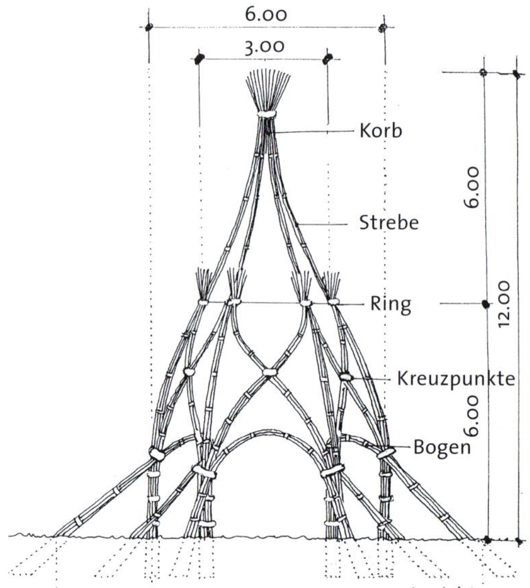

Ansicht

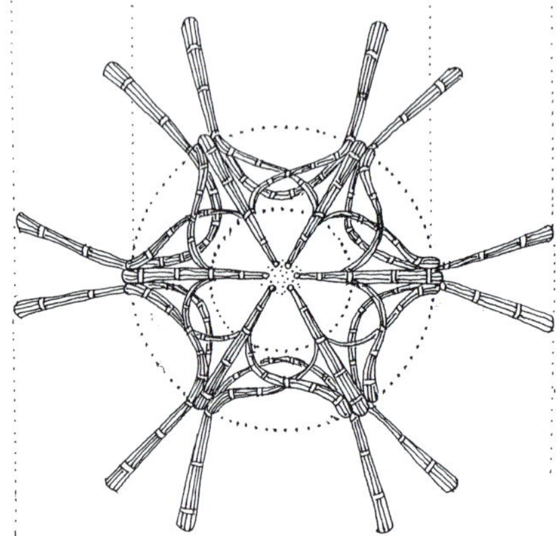

Grundriss

Veranstalter: Agneta Persson, Asa Friberg, Kalle Forss
BO01 – the ecological city of Tomorrow BO01, Malmö, Schweden, 2001
Entwurf und Ausführung: Sanfte Strukturen: Marcel Kalberer, Dorothea Kalb-Brenek, Anna Kalberer, Moritz Freise und 20 erwachsene Handwerker und Handwerkerinnen aus Schweden, Dänemark und Norwegen.
Bauzeit: 1 Woche im April 2001

Sechs Monate später

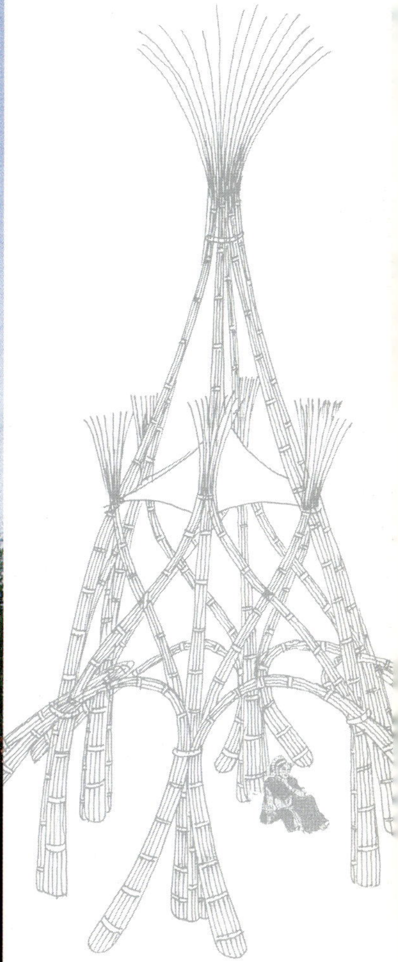

Tjubi-Dubi-Du im Gutshof Emkendorf, Tessin

Die traditionelle Kopfbedeckung der Tadschiken, die Tjubijaika, hat dieser Veranstaltungskuppel die charakteristische Form geliehen. Nun wächst die asiatische Mütze wie ein Bühnenrequisit in einem großartig inszenierten Landschaftstheater, in dem Fauna und Flora sich mit ihren Trümpfen zu übertreffen suchen. Die Kulisse bilden schilfumsäumte Moränenseen, das renaturierte Urstromtal der Recknitz, Hügel, Auen und Moore, Eschen, Erlen und Espen, Hecken und Stauden, Hasen und Hirsche, Kröten und Kranichschwärme – am Himmel segelt ein Adler, und für den Storch steht in der Tjubi-Spitze ein Nistkorb bereit. Real existierender Traum, Musik aus Weiden, Tjubi-Dubi-Du, fünf Kilometer südöstlich von Tessin in Mecklenburg.

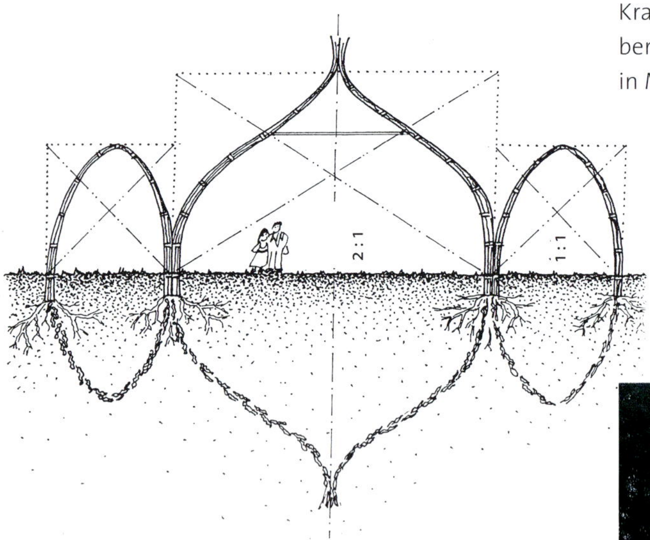

Micky Remann vermutet, dass die Regenwürmer im Erdreich die Bauform spiegeln – entsprechend Hermes Trismegistos: »wie oben so auch unten.«

Veranstalter: Nora Fischer und Siegfried Zuknik, Gutshof Emkendorf
Entwurf: Siegfried Zuknik mit Sanfte Strukturen: Marcel Kalberer und Anna Kalberer
Ausführung: Siegfried Zuknik, Mitarbeiter des Gutshofs Emkendorf und Freiwillige
Frühjahr 2001, 2002, 2003
Offizieller Außenstandort der IGA 2003, Rostock

Zusammenspiel von Vögeln und Menschen

Weidenfesthalle im Kulturpark Deutzen

Schauplatz: In der neu gepflanzten Weidenfesthalle unter dem großen Tanzsegel, in den Gewölbegängen und unter den Zwiebelkuppeln.
Eine junge Frau mit bloßem Oberkörper und glitzerndem Nixenschwanz, soeben dem neu geschaffenen See entstiegen, wird von zwei herbeigeeilten Burschen gestützt, damit sie auf ihrer weichen Flosse gehen kann. Nixenschicksal! Sie verkündet die Idee, für sich selbst und ihre Gespielinnen, aber auch für alle hier versammelten Gäste und Urlauber, bewegliche Inseln im nahe gelegenen See bauen zu wollen. So erfahren die Festgäste von dem plötzlich entstandenen und gefluteten wunderschönen, runden und noch gänzlich unbebauten See und der nixigen Idee. Sie beginnen mit ihr zu träumen von begrünten, mittels Rudern und Segeln beweglichen Floßen, von Pontons mit Palmen und Weidenhütten, Hängematten und Lagerfeuern darauf. Hier wollen sich alle im Sommer wieder treffen. Sie sehen sich schon gemeinsam in einer schwimmenden Schwitzhütte oder in einem Hamam sitzen, das auf dem See dahindampft und bei dem die einzelnen auf dem See verstreuten grünen Floße und Trauminseln bei Lust und Laune andocken. Andere docken aneinander an, bilden nächtliche Gemeinschaften, die sich am Morgen mit dem Nebel wieder zerstreuen. Ein Kiosk schwimmt vorbei, bietet seine Waren übers Wasser an und am Morgen frische Brötchen und die Tageszeitung. Immer bildhafter und konkreter wird die Idee von den vielen um die schöne Nixe versammelten Gästen bis in die letzten Details weitergesponnen. Die Bezauberung, die von ihr ausgeht, überträgt sich auf die ganze Festgesellschaft und zuletzt auch auf die Veranstalter. Und so beschließen sie noch in derselben Nacht, diese Idee in ihr Tourismusentwicklungsprogramm aufzunehmen und ebenso unverzüglich zu verwirklichen wie die Weidenfesthalle.

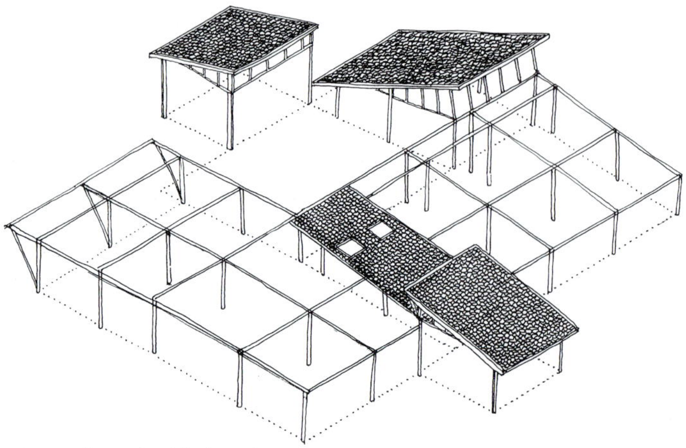

Vorgegebenes Stahlrohrgerippe

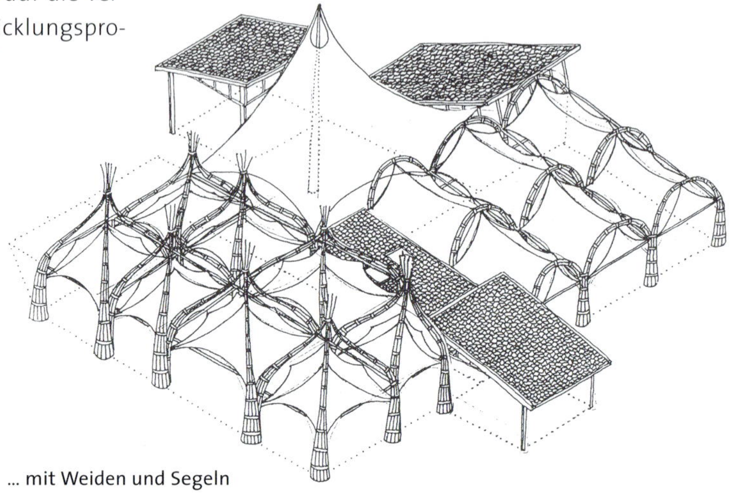

... mit Weiden und Segeln

Im Elfenelement

Regensichere Elfenflügel schwingen verspielt über dem Platz

Die Nacht bricht herein, in den Hallen, Kuppeln und Nischen der Festhalle ist nur noch der Schein der Wunderlampen zu erkennen. Wir merken, es ist Zeit zu gehen. Die Gäste wollen unter sich und unter den Weiden sein, um dort all das zu tun, was sie sich erträumt haben, beziehungsweise all das zu träumen, was sie darüber hinaus noch tun wollen, und zwar spätestens beim nächsten Multikulturparkfest im Kulturpark Deutzen auf einer schwimmenden Insel im neu gefluteten See, nur wenige Meilen und Stiefellängen südlich von Leipzig. (Nach einer Schilderung von Karin Krause.)

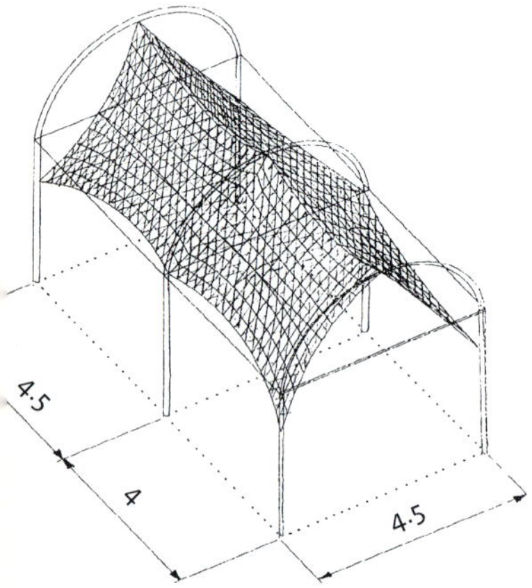

Zelt A im Gewölbe

Festhalle

Eine dreißig Jahre alte, blechgedeckte Stahlrohrkonstruktion ohne jeden Charme wird mit Weidenruten zu einer Festhalle umgestaltet. Die Stahlkonstruktion wird weiter genutzt, aber mit Ruten ummantelt. In den vom Blechdach befreiten Bereichen werden die Rutenbündel zu Zwiebelkuppeln und Bogengängen geformt. In diese Kuppeln und Tonnengewölbe sind wetterfeste Zelte eingespannt. Ein hundert Quadratmeter grosses Zentralzelt überspannt die Tanzfläche.
Ein Beispiel, wie mit bescheidenen finanziellen Mitteln, aber vielen Weiden und Helfern aus einem unattraktiven Veranstaltungsraum eine reizvolle Festhalle erwachsen kann.

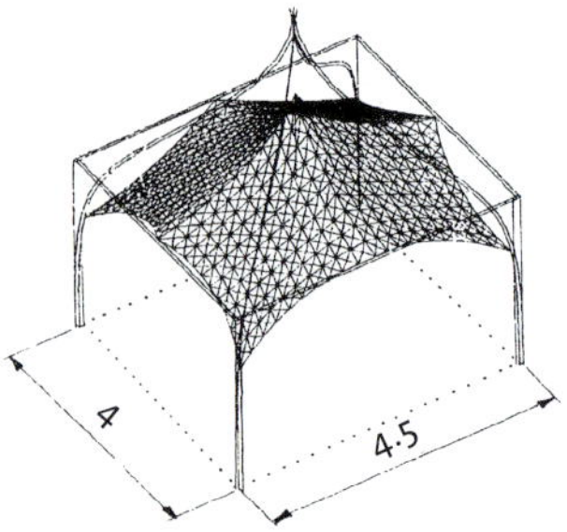

Zelt B in der Kuppel

Veranstalter: Pro Regio, Andrea Wagner, Frank Spieth, Kulturpark Deutzen
Entwurf: Sanfte Strukturen: Marcel Kalberer, Anna Kalberer
Zelte: Bernhard Gawenat, SL-Rasch, Oberaichen
Ausführung: Kulturpark Deutzen, Karin Krause, Dietmar Wehran, Benjamin Wolff, Lothar Spranger weitere Mitarbeiter und Freiwillige aus der Umgebung

Grünpalast in der Grütt in Lörrach

Herbert Sitterle ■ Vor einigen Jahren besuchte ich zusammen mit Studenten regelmäßig Obdachlosensiedlungen, wo wir uns um die Kinder von Jenischen kümmerten, ehemals landfahrendes Volk, das früher als Kesselflicker, Schausteller, Scherenschleifer, Korbmacher, Lumpen- und Alteisensammler durchs Land zog. Unsere Gruppe nennt sich Sozialer Arbeitskreis, SAK, in Lörrach.

Die Jenischen erzählten uns viele Geschichten über das Leben in der freien Natur; ihre Erfahrungen mit Geistern und Hexen waren den meisten von uns völlig fremd. Verwundert darüber, dass noch niemand von uns Erfahrungen mit dem »Hörnlima«, dem Teufel, gemacht hatte, erzählten Lissy und Sofie, zwei alte Frauen, voller Witz, wie sie den Teufel schon zum Narren gehalten hatten. »Die Hexen wohnen in den Kopfweiden«, sagte Sofie, denn alte Kopfweiden haben oft auch beachtliche Hohlräume. Sie wusste, wo in der Umgebung noch alte Kopfweiden standen, wie man Weidenruten schneidet und zu Körben verarbeitet oder sie als Heilpflanze nutzt. Leider wurden viele alte Bäume nicht mehr gepflegt und brachen durch ihre »Kopflastigkeit« auseinander.

Zusammen mit den Jenischen begannen wir, die Kopfweiden wieder zu schneiden. Irgendwann wurde uns klar, dass diese amputierten Bäume für Vögel und Insekten wichtige Kleinbiotope sind und vielen Tieren Futterplatz, Lebensraum und Kinderstube bieten. Mehr als neunzig verschiedene Käferarten bewohnen den Planeten Weide. Da lebt etwa der kräftige Weidenbock, der grazile Haarlangbeinkäfer, der unzimperliche Lauskäfer, der flache Schaufelrüssler, der Kreiselkäfer oder die nervöse Pappelknopfhornwespe. 137 Arten von Großraupen wurden gezählt, darunter viele, aus denen einmal bekannte und auch weniger bekannte wunderschöne Schmetterlinge werden, wie die Weidenglucke, der Korbweidenspinner, der Eckfleck und die Zackeneule. Auch die verschiedensten Pflanzen, Flechten, Moose und Pilze leben auf der Weide und laben sich an dem kräftig aufsteigenden Pflanzensaft.

Ansicht

Kuppeldurchmesser 15 m
Grundfläche 175 m^2

Grundriss

»Ein altes Geschlecht« nannte Goethe die Weide, und zwar, weil sich die Weide schwer einordnen lässt. Es gibt zahlreiche Arten, ebenso viele Bastarde, und diese vermehren sich auch noch. Kaum ein Baum ist mit so viel Lebensenergie ausgestattet. Ein Stock in den Boden gesteckt, und die Weide treibt aus. Die Weide ist eine Pionierin und nimmt es mit jedem Boden auf, ob am Rand des eisigen Gletschers, im sauerstoffarmen Moor oder zwischen nährstoffarmem Kies. Sie gibt so schnell nicht auf und kann sich anpassen. Deshalb ist sie mein Lieblingsbaum.
Mit arbeitslosen Jugendlichen begann ich auch, zusammen mit den Kindern Weideniglus für Kindergärten zu bauen; mittlerweile hat fast jeder Kindergarten in der Gegend ein solches Bau(m)werk. Ein Weidenhäuschen lässt sich an einem Tag bauen; bald schlagen die Ruten aus, irgendwann ziehen Käfer und Schmetterlinge ein, und alle haben ihre Freude daran. Die schwer vermittelbaren Jugendlichen hatten eine sinnvolle Aufgabe; der biegsame Baustoff regte ihre Fantasie an, und sie bereicherten manchen Spielplatz mit originellen Gebilden, auf die sie sehr stolz sind.
Schließlich reifte der Wunsch, einmal ein großes Werk in Form eines übergroßen Lampenschirms aus Weiden zu verwirklichen. Marcel Kalberer und sein Team sagten zu. Fünfzehn Meter breit und vierzehn Meter hoch sollte es werden und erhielt den Namen Grünpalast. Auf den Vorschlag einer Frauengruppe sollte gegenüber noch ein Meditationslabyrinth erbaut werden.
Um die Baustelle herum errichteten wir eine Zeltstadt mit Tipis und Jurten, und Marcel brachte sein Mongolenzelt mit. Die Bauleute waren langzeitarbeitslose Erwachsene, schwer vermittelbare Jugendliche, eine türkische Frauengruppe, die kochte, eine Schulklasse aus Polen, Erzieherinnen in der Ausbildung und Jugendliche mit Arbeitsauflagen vom Gericht. Ein kunterbunter Haufen. Im Winter hatten wir bereits ausreichend Weidenruten geschnitten, und zwar von allen in unserer Region vorkommenden Arten, damit für jedes Insekt auch die passende Art bereitsteht. Wenn man sich vorstellt, wie viele Käfer, Schmetterlinge, Vögel und Fledermäuse später einmal in diesem Grünpalast leben werden, kann man tatsächlich vom größten Wohnungsbauprogramm Lörrachs sprechen.
Im Mai 2001 ging es los. In vierzehn Tagen wollten wir den Weidenpalast und das Labyrinth gebaut haben. Alles war guter Stimmung und die Sonne lachte dazu. Doch dann setzte eine Woche später Dauerregen ein und verwandelte unseren Zeltplatz in eine Schlammgrube. Nach elf Tagen harter Arbeit war alles fertig. Als wir dann tanzend das Labyrinth einweihten, kam die Sonne wieder durch und krönte unser Einweihungsfest mit ihren wärmenden Strahlen.
Wir waren gespannt, ob die Weiden überhaupt noch ausschlagen würden, denn sie waren mehr als drei Monate in einem Lager gelegen und sahen

Scheuet nicht die grüne Weidenfreud', die von Alltagsgrau befreit

Veranstalter: Stadt Lörrach: SAK, Herbert Sitterle
Entwurf: Sanfte Strukturen: Marcel Kalberer
Statik: Switbert Greiner
Ausführung: Sanfte Strukturen: Marcel Kalberer, Bernadette Mercx, Eugen Lüdi, Adrian Schneider, Dominique Kunz, Anna Kalberer, Petra Evacic und 50 Jugendliche von SAK, Lörrach

schon ziemlich ausgetrocknet aus. Sicherheitshalber hatten wir eine Tröpfelbewässerung eingebaut, durch die die Pflanzen einmal pro Woche für vier Stunden bewässert wurden, denn der Boden war auf diesem Platz sehr trocken. Doch die Weide zeigte, was sie kann. Nach drei Monaten waren die Triebe schon einen Meter lang.
Im Winter schnitten wir die Triebe bis zum ersten Ring zurück, damit die Kraft nach oben geht. Oberhalb banden wir die Triebe mit Schnüren an die Streben; das werden wir vier Jahre lang so tun. Dann wird der Grünpalast bis in die Spitze grün sein.
Im Juni 2002 installierten wir drei Energiesparstrahler, setzten zusammen mit Marcel und einem Zeltdesigner die Planen ein und verglasten die Spitze. Als dann der Dämmerungsschalter gegen 22 Uhr die Strahler einschaltete, waren alle von dem Anblick überwältigt. Lange saß ich noch in der Nacht allein und konnte mich an dem wunderschönen Gebäude mit seinen gotisch-orientalischen Formen kaum satt sehen. Einer der Strahler leuchtete auf dem Boden ein großes Rund aus, und da sah ich im Geiste eine schöne Tanzfläche. »Jetzt fehlt nur noch ein großes Mosaik«, rief ich laut.
Zwei Wochen später fand im Grünpalast die erste Veranstaltung statt. Wir führten darin das erste Kindertheaterfestival in Lörrach durch, bei dem viele Schulklassen aus der Region mitmachten und das nun jedes Jahr hier stattfinden soll.
Da der Grünpalast auf dem Basler Platz steht, soll das große Tanzmosaik im kommenden Jahr zusammen mit Baslern entstehen. Ebenfalls im nächsten Jahr werden wir die Spitze verglasen und Planen einziehen; und dann steht der Grünpalast für Feste und Konzerte zur Verfügung.

Membrankonstruktionen

Bernhard Gawenat ■ Um die Form von gekrümmten Membranflächen zu erzeugen und den dazugehörigen Zuschnitt für die Stoffbahnen zu ermitteln, haben sich computerisierte Verfahren durchgesetzt. Wesentliche Schritte sind zunächst die Formfindung, bei der das dreidimensionale Computermodell der gegenseitig gekrümmten Membranfläche erzeugt wird. Danach ist die Verebnung der gekrümmten Fläche darzustellen, um sie aus ebenen Stoffbahnen herstellen zu können. Dazu wird zunächst die Geometrie der Abspannungs- und Befestigungspunkte festgelegt. Für die Randbogen werden geeignete Radien gewählt. Diese Bogen bilden zusammen mit den Graten und Kehlen die Randbedingungen für die in alle Richtungen spannungsgleiche Minimalfläche. Ein geeignetes »Finite Element Program« berechnet die gesuchte Minimalfläche, die kleinste Fläche innerhalb der vorgegebenen Randbedingungen.

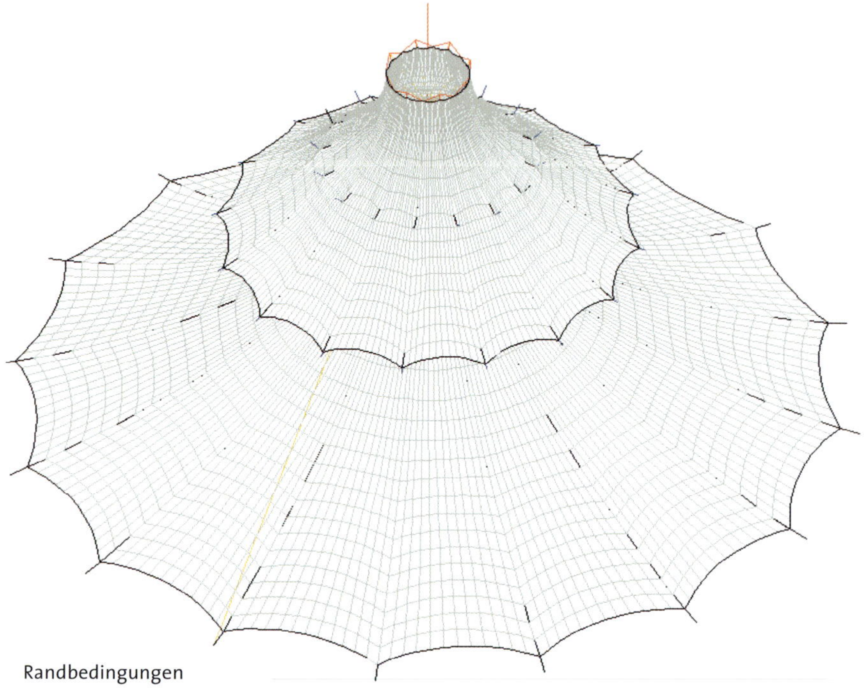

Randbedingungen

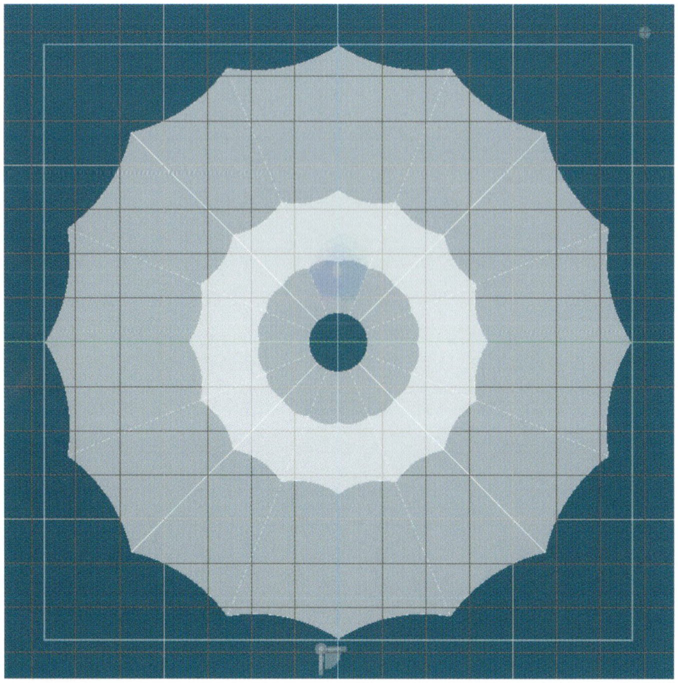

Grundansicht

Zuschnittssegmente

Innenhochsicht

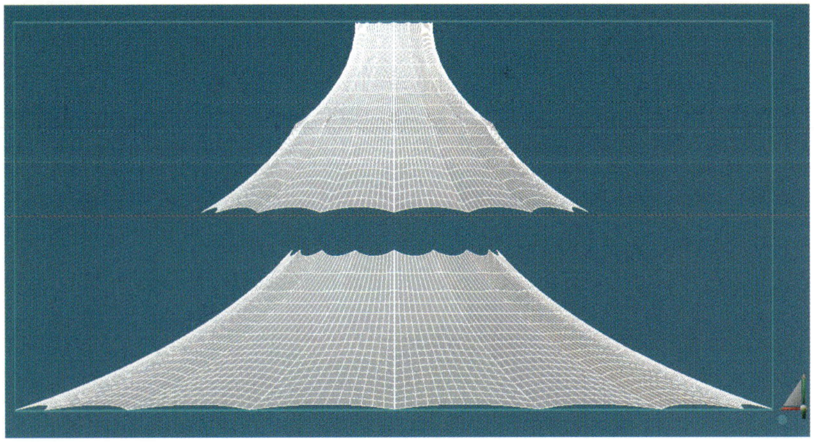

Doppelzelt-Projektion

Einzelteile

Zuschnittlayout
16 x Bahn B
16 x Bahn Bs (gespiegelt)

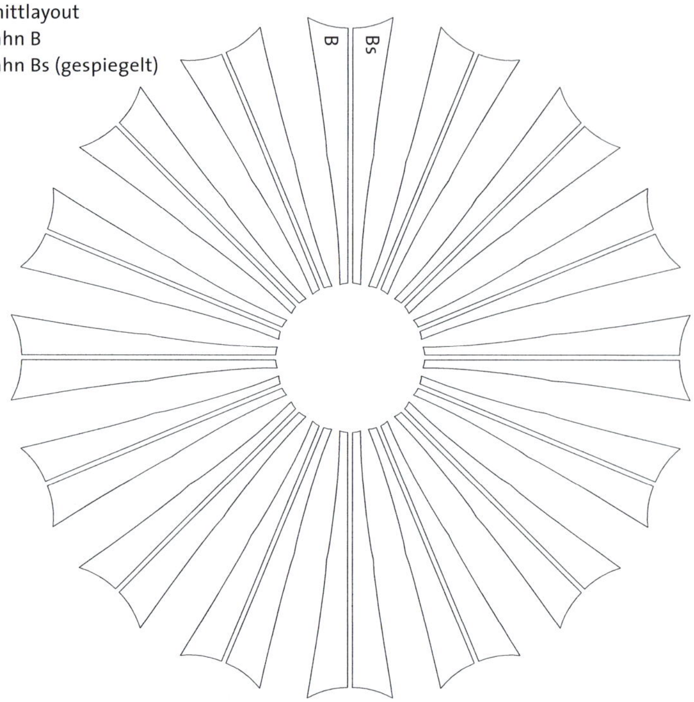

Zuschnittlayout
16 x Bahn A
16 x Bahn As (gespiegelt)

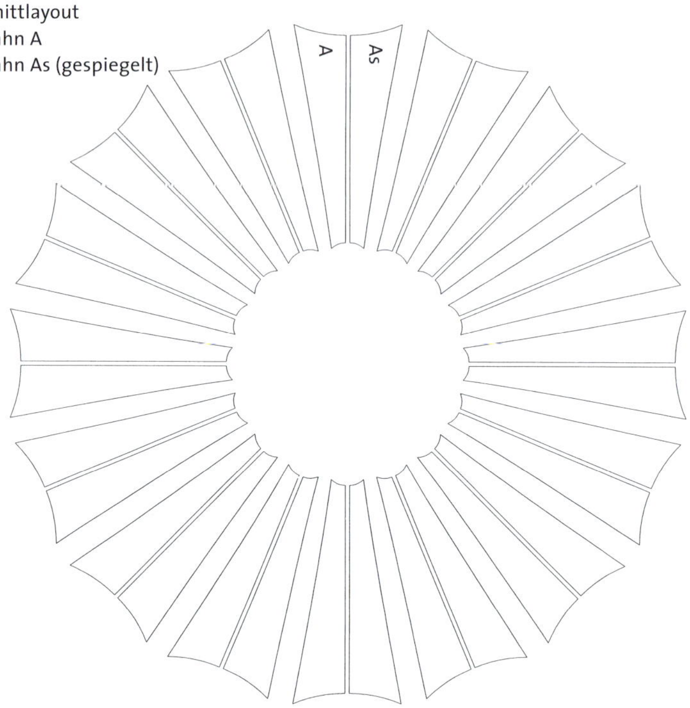

Die so gefundene dreidimensionale Form wird unter Berücksichtigung der eingesetzten Stoffbreite und der Materialkennwerte in einzelne Bahnen zerlegt. Alle Bahnen werden verebnet und in einer Koordinatenliste aufbereitet. Die Koordinaten werden auf den Stoff übertragen. Dann werden die Bahnen zugeschnitten und anschließend anhand des Bahnenlayouts miteinander vernäht. Zum Schluss werden die Abspannbänder angebracht und die Gurte aufgenäht.

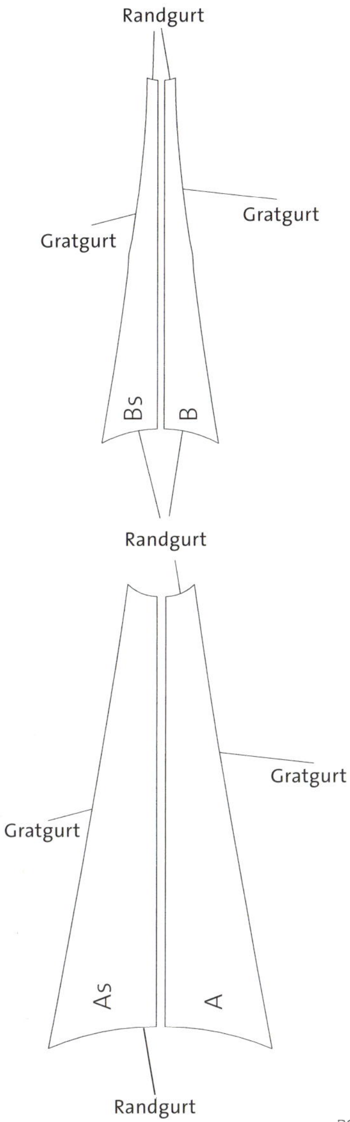

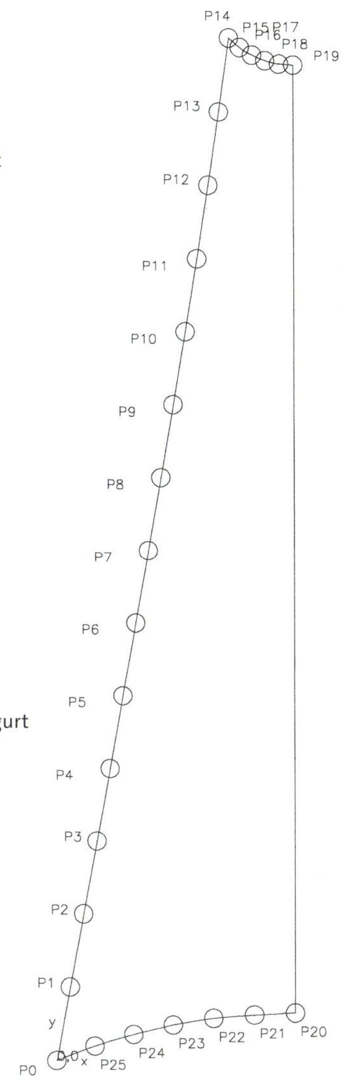

Point no.	X	Y
Komp:	1.000	1.000
P0	0	0
P1	0.074	0.395
P2	0.147	0.79
P3	0.22	1.186
P4	0.293	1.581
P5	0.364	1.976
P6	0.435	2.372
P7	0.505	2.768
P8	0.574	3.164
P9	0.641	3.56
P10	0.707	3.957
P11	0.771	4.353
P12	0.832	4.751
P13	0.89	5.148
P14	0.946	5.546
P15	1.005	5.496
P16	1.07	5.456
P17	1.142	5.426
P18	1.217	5.407
P19	1.294	5.401
P20	1.294	0.26
P21	1.073	0.25
P22	0.852	0.23
P23	0.634	0.194
P24	0.419	0.143
P25	0.207	0.079

Koordinatenliste
As

Zusammenspiel von Natur und Hightechspiel

Idylle in Weiss

Weidenkuppel, umsäumt von Kastanienbäumen und umschlossen von einer Hainbuchenhecke

Chill-out in der Grütt

Baumwerke als Tragwerke

Switbert Greiner ■ Wie jedes Bauwerk muss auch das Baumwerk allen auftretenden Lasten aus Eigengewicht, Wind und Schnee widerstehen.
Erreicht ein Weidenbauwerk die Grösse eines kleinen Hauses und werden in Teilbereiche Stoffe oder Segel eingespannt, ist es ratsam, die auftretenden Kräfte und Belastungen zu berechnen. Denn das lebende Tragwerk ist nicht gänzlich mit einem Baum zu vergleichen, der von Natur aus weiß, wie er mit den äußeren Belastungen fertig wird.
Anders als bei etablierten Bauweisen gibt es für Weidenbauten (noch) keine speziellen Normen oder gar Tragfähigkeitstabellen. Grundsätzlich kann empirisch vorgegangen werden – wie schon seit Jahrtausenden bei allem Bauen. Durch Erfahrungen oder durch gezielte Versuche können Kenntnisse über das Tragverhalten gewonnen und daraus Regeln abgeleitet werden. Marcel Kalberer ist in dieser Hinsicht ein Meister. Er weiß aus langer Erfahrung, wie die Weidenbündel konstruiert und dimensioniert werden müssen. Er benötigt den Experten eigentlich nur, wenn baurechtliche Bestimmungen und die Sorge der Baubehörden den Nachweis der statischen Sicherheit des Baumwerks verlangen.
Vom Statiker erhalten wir:

- Kenntnis der auf das Tragwerk einwirkenden Lasten
- Methoden zur rechnerischen Simulation des Tragwerks
- Vorgaben zur Ermittlung des Bauteilverhaltens
- Dimensionierungsregeln für die Bauteile und Verbindungselemente

Als Tragwerksplaner versuche ich die Weidenbauten in ihrem Verhalten unter Lasten zu beschreiben. Obwohl es weder Aussagen noch Literatur zum Werkstoffverhalten von Bündeln aus Weidenruten gibt, können aus Grenzwertbetrachtungen innerhalb einer »High-Tech-Simulation« wertvolle Aussagen zur Standsicherheit und zum Verformungsverhalten abgeleitet werden.
Im Frühjahr 2002 assistierten mir Marcel Kalberer und Sonja Teimann bei meinen ersten Bauteilversuchen an wachsenden Weidenrutenbündeln im Weidengarten von Bonn. Erste Erkenntnisse über das Tragverhalten und die Steifigkeit (Verformungswiderstand) wurden durch die gemessenen Verformungen an einem drei Jahre zuvor gepflanzten Rutenbündel gewonnen. Mit geringem technischem Aufwand ermittelten wir den Bauteilwiderstand, indem wir horizontal über eine Rolle Gewichtslasten anbrachten.
Beim Nachweis der Standsicherheit der Grünwerke habe ich darauf geachtet, dass die künstlerische Idee die eigentlich tragende Kraft bleibt.

Empirische Vorgehensweise

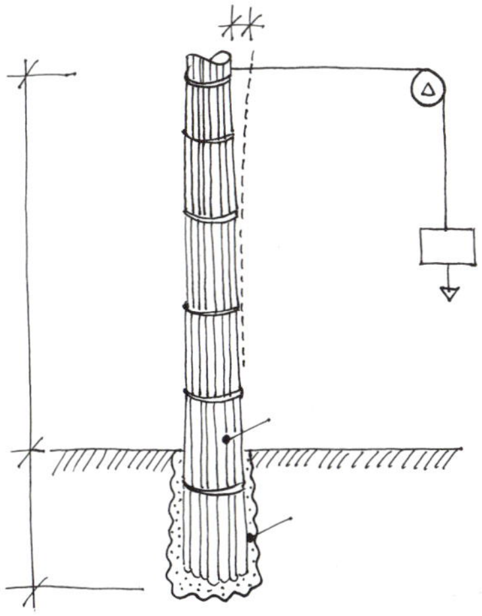

Steifigkeitstest am lebenden Objekt

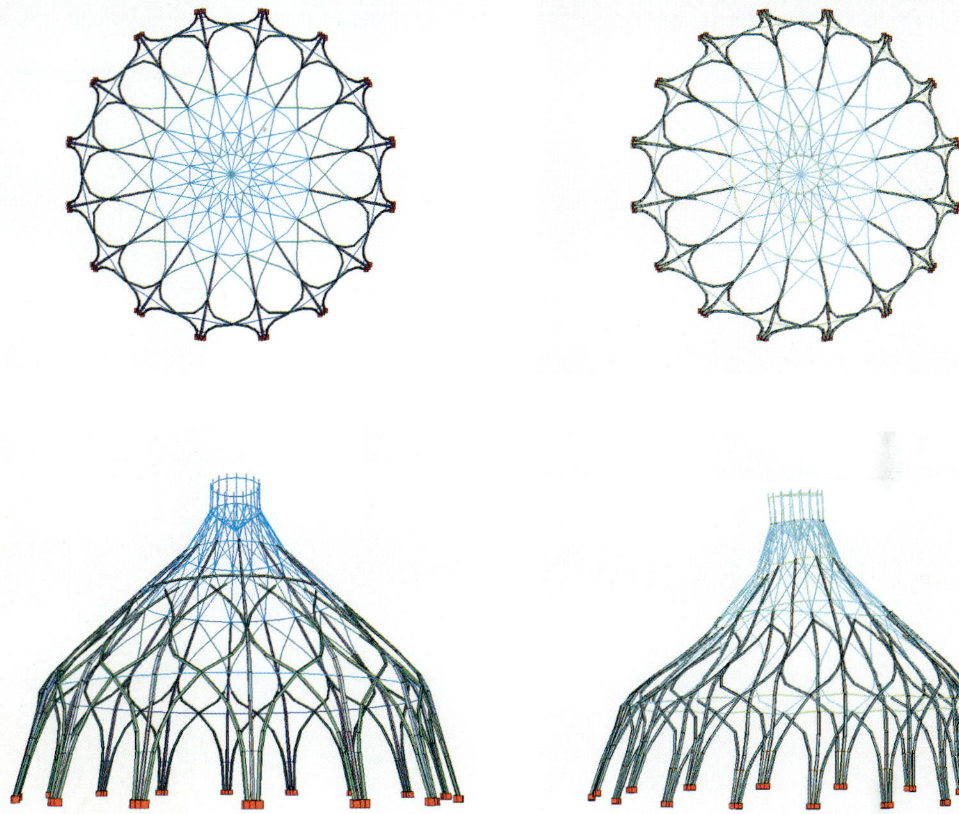

Simulationen

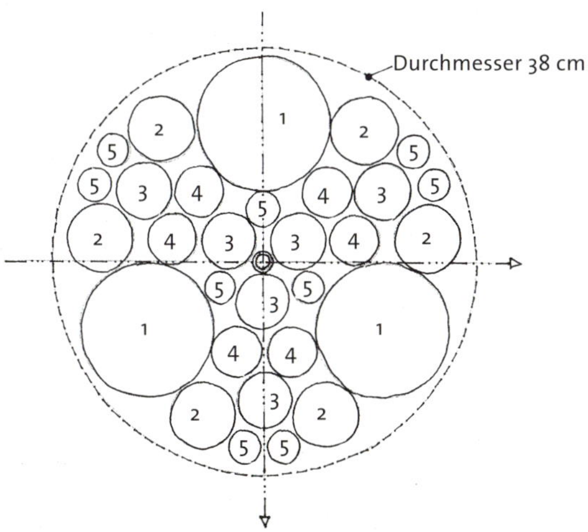

Referenzbündel bestehend aus:
Durchmesser 1: 12 cm = 3 x
2: 6 cm = 6 x
3: 5 cm = 6 x
4: 4 cm = 6 x
5: 3 cm = 9 x

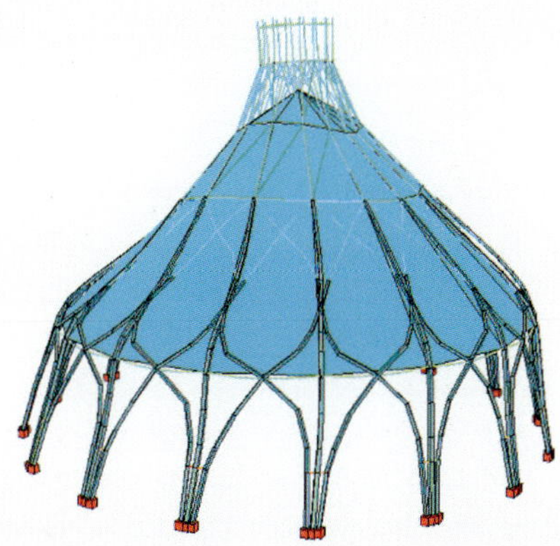

Computersimulation der Verformung unter Windlast

Grünere als

Ulrich Holbein ■ Von frühauf verteilte ich meine Zuneigung ungerecht, ich hasste Autos und liebte Pflanzen. Auf Fußwanderungen in der Toskana lag ich an Thymianhängen, zeichnete Gebirgsdörfer in meinen Block, wandelte Telegrafenmasten tendenziös in Zypressen um und Antennen in Storchennester. Auf fahrfreie Wochenenden freute ich mich wie auf Silvester. Feierlich warf ich meinen Führerschein in die Fulda. Und fischte ihn nicht wieder heraus. Als kleiner Farbtupfer im Mausgrau der ständig expandierenden Betonwelt blieben nur Grünanlagen und Stadtparks, eigentlich Grauanlagen, die weltlichen Schwundformen heiliger Haine. Stadtbegrünung tröstete so wenig wie Straßenbegleitgrün. Nirgendwo grünte ein Lichtblick. Für alle Fälle wählte ich von Anfang an die Grünen. In der Straßenbahn guckte ich einem Zeitungsleser über die Schulter und sah das Wort »Grashüpfer«, das sich bei genauerem Hinsehen als »Gralshüter« enthüllte. Dass die Pressereferentin von Greenepeace im Fernsehen ein rotes Jackett trug, empfand ich als Widerspruch. Hätte sie aber etwas Grünes getragen, hätte ich das vermutlich aufgesetzt gefunden. Dostojewski las ich ungern, weil bei ihm zwar ständig alle erröteten, dafür aber nirgendwo etwas Grünes wuchs. Selbst auf Lebedews Datscha außerhalb von Sankt Petersburg standen lediglich Kübelpflanzen herum. Die Zweige, die zwischen Obernau und Rottenburg nach einem Gewitter auf der Straße lagen, steckte ich mir an Fahrrad, Gürtel und Frisur und radelte fortan als Green Man durch die Gegend, als Hut oft ein gefaltetes Rhabarber- oder Pestwurzblatt. Gern wäre ich für immer ganz in Grün herumgelaufen, wenn das nicht gar zu sehr an fröhliches Jagen, Verkehrskontrollen und Bundeswehr-Tarnjacken erinnert hätte. Trotzdem ließ ich mir ein grünes Schuppengewand schneidern. Ich roch an der Natur, fand das ganz nett und bunt, und redetete mir ein, ich sei unglaublich naturverbunden. Freundete mich mit Bäumen an und legte im Rotweinrausch meinen Schädel bei Vollmond so naturmystisch wie möglich an die Borke einer hundertjährigen Riesenpalme auf Filicudi ... und fühlte irgendwas. Ich lauschte auf Baumgeister. Auch wenn die selten zurückflüsterten. Als Zuspätromantiker setzte ich mich neben meine Lieblingsblume, die von allen gehasste weiß blühende Riesendolde Bärenklau, und las in Wilhelm Mannhardts »Wald- und Feldkulte der Germanen« von 1870 alles über die Mythologie und Historie des Baumfrevels. Dieses tausendseitige Grundlagenwerk wurde meine Bibel, selbst ein heiliger Hain, ein sonnenfleckendurchrieseltes, frühlingsgrünes Sanctuarium, voll von Pflanzengenien, Baumseelen, Dryaden, Graskönigen und Korndämonen. Ich

grüne Gründe

erkannte in meinem rhabarberhutgeschmückten Gesicht den Archetypus des Green Man wieder, des Grünen Georg, des geopferten Vegetationsgeistes, auch Pfingstlümmel oder Pfingstnickel genannt, den ich in meinem Fall auf den Namen »Uliversum von der Trauerweide« taufte. Ich verehrte abgöttisch die Bauweise aller Rutenbündeltechnik-Naturbauarchitekten, ergötzte mich an den zwar fast wie Bambus wunderbar schnellwüchsigen Weidenschößlingen, die mir aber immer noch viel zu langsam wuchsen, stand staunend im damals weltweit größten, aber irgendwie immer noch flach und einstöckig wirkenden Naturpalast von Auerstedt, der aber nach kurzem seinen Superlativ abgeben musste, getopt und gedoppelt von einem noch hochhausartigeren Projekt, dem Rostocker Weidendom, und bald werden beide neben dem Weidenschloss von Bremerhaven zu Maulwurfshügeln verzwergen. Kurzum: Nicht nur die Betonwelt expandiert. Sondern auch meine Sehnsucht nach Autos aus Holz, denen lebendige Weidenzweige hinterherwehen. Und wie gern sähe ich die utopische goldgrün schäumende Flussweidenmetropole in Farbe und in Wirklichkeit, winddurchwühlt im Abendlicht. Hiermit hoffe ich dringlich, dass alle jetzigen und künftigen Stecklinge schneller wachsen mögen, als ich altere. Zumal ich der Letzte wäre, der was gegen jene Mondweiden hätte, die in den Nachthimmel wachsen, und zumal die Erbsünde nicht im Obstessen bestand, sondern bekanntlich im Fällen des Baums der Erkenntnis. Und nicht der Turm von Babel versuchte in den Himmel zu wachsen, sondern die Weltesche oder Weltweide, auch Baum von Babel genannt, versuchte die abgerissene Verbindung zwischen Himmel und Erde zu überbrücken.

Literaturtipps:

Wilhelm Mannhardt: Wald- und Feldkulte der Germanen. Reprint von 1877, Hildesheim: Olms Verlag 2002

Hans W. Ingensiep: Geschichte der Pflanzenseele. Philosophische und biologische Entwürfe von der Antike bis zur Gegenwart, Stuttgart: Kröner Verlag 2001

Hamberger, Bode, Baumeister (Hg.): Sein oder Nichtsein, München: Raben Verlag 1990

Bode, Hamberger, Zängl, Baumeister (Hg.): Alptraum Auto, München: Raben Verlag 1991

Wieland, Bode, Disko (Hg.): Grün kaputt. Landschaft und Gärten der Deutschen, München: Raben Verlag 1992

Sylvia Hamberger, Ossi Baumeister, Wolfgang Zängl: Kein schöner Wald. Eine vergleichende Fotodokumentation, Raben Verlag

Fred Hageneder: Geist der Bäume. Eine ganzheitliche Sicht des unerkannten Wesens der Bäume, Saarbrücken: Neue Erde Verlag 2000

Wolf-Dieter Storl: Pflanzen der Kelten. Heilkunde, Pflanzenzauber, Baumkalender, Aarau: AT Verlag 2000

David Pearson: Baumhäuser, Aarau: AT Verlag 2001

Die Schule der Zukunft

Das offene Klassenzimmer – offen für Wind und Wetter und andere Lerninhalte

von Berlin nach Pisa

... über Sargans
Waiblingen
Köln
und
Hagen

Alles grünt,
alles wird anders

Berlin: EXPO-2000-Projekte

Santa Maria del fiore, Firenze

Projekte für die Berliner Schulen 1996–2000

Georg Coenen ■ Die dramatisch niederschmetternden Ergebnisse der PISA-Studie für die Schule entpuppen sich bei genauerem Hinsehen als eindeutige Hinweise auf die Notwendigkeit einer Abkehr von althergebrachten, starren »männlichen« Erziehungs- und Schulbaukonzepten zugunsten sanfter, solidarischer, fördernder und prozessorientierter Schulentwicklungen, die Kindern und Jugendlichen Raum für behutsames persönliches und soziales Wachstum bieten.

Untersucht man die Studie im Detail, lassen sich verblüffende, ja sensationelle Handlungs- und Entscheidungshinweise für eine moderne Schule ableiten.

49 der rund 1000 Berliner Schulen können in fast allen Bereichen erheblich bessere Ergebnisse als die Durchschnittsschule vorweisen. Zwei Aspekte fallen bei näherer Betrachtung besonders auf:

1. Es besteht ein signifikanter Zusammenhang zwischen Schulbauarchitektur sowie Schulfreiflächengestatung und dem Lernerfolg sowie der gesunden individuellen und sozialen Entwicklung von Kindern und Jugendlichen. Wo grüne, sanfte Lebendbauwerke entstanden, nehmen allgemeines Wohlbefinden und Lebens- und Lernmotivation erheblich zu. (Siehe Ergebnisse der Umfrage »Schüler/innen und Rahmenbedingungen für Leistungsmotivation«, veröffentlicht im Amtsblatt 3 vom 7.2.2002, S. 11/12.)
2. Schulen mit Erfahrung im Weidenbau auf dem Schulgelände (in der Grundschule eher Weidenhütten, Weidengänge, Weidenspielgebüsche, in den Oberschulen eher architektonisch anspruchsvolle Weidenpavillons oder Weidenkunstobjekte), in Flechtarbeiten (etwa Lehmflechtwände, Lehmfachwerk) und/oder der Herstellung von wachsenden Weidenbrücken, Bogen, Archen, Zäunen, Bühnen, Spielobjekten, grünen »Klassenzimmern« verfügen über einen erheblichen Leistungsvorsprung, besonders ausgeprägt durch höhere handwerkliche und soziale Kompetenz.

Berliner Erfahrungen

Die Berliner Erfahrungen mit »Lebenden Bauwerken« unterscheiden sich erheblich von denen anderer Städte und Gemeinden.

In Westdeutschland wuchs in den achtziger Jahren der Weidenbau von Marcel Kalberer und der Gruppe Sanfte Strukturen zu einem kommunikativen und spielerischen Bauen heran: Traumhafte, heitere und doch ehrgeizige Architekturentwürfe, die in sozialen Prozessen von Laien realisiert und im Beuysschen Sinne zu »sozialen Skulpturen« erwuchsen. Lustvolle und gerade darum leistungsstarke Bauaktionen, Bauspiele und -feste, in deren Folge immer mehr Weidenobjekte entstanden.

Aufgrund der Insellage Westberlins und der politischen Verhältnisse in der DDR konnte sich hier keine entsprechende Weidenbaukultur entwickeln. Während im Westteil Berlins kein naher, ökologisch, logistisch und finanziell vertretbarer Zugang zu Weidenmaterial möglich war, herrschte auf der anderen Seite die Sorge, allzu wild gelockte Weidengesellen und -gesellinnen könnten in unkontrolliert wucherndem, von der Norm abweichendem Pflanzengestrüpp die Vision von Freiheit allzu deutlich vor Augen führen. Viele Entwicklungsjahre waren so für die Berliner Schulen verloren. Den Plattenbau-Schulen im Osten und den monströsen Schulfabriken der frühen siebziger Jahre im Westen fehlte die sichtbare natürliche Alternative, das grüne, langsame, langfristige, kreative und im Grunde anarchistische Wachstum kreativer Architektur.

Erst nach der Maueröffnung entstanden Weidenobjekte auch auf Berliner Schulhöfen und in Kindergärten. Die im Berliner Umland reichlich vorhandenen Weidenplantagen und Kopfweidenbestände wurden für die nun zusammengebrochene Korbindustrie der DDR nicht mehr benötigt. Ein riesiges Reservoir an nachwachsendem Baumaterial war damit plötzlich in der unmittelbaren Umgebung Berlins vorhanden. Aufgrund mangelnder Finanzmittel für Schulhofumgestaltungen boten die Weidenprojekte willkommene preisgünstige Möglichkeiten für gleichwohl effektvolle Veränderungen kindlicher Spielräume in Eigeninitiative.

Nach einer Vielzahl von Fortbildungsveranstaltungen in den einzelnen Stadtbezirken in den Jahren 1991/1992 verfügte fast jede Schule über ihr Weidenbündel, eine praktisch weitergebildete Fachlehrerin und die dazugehörigen Arbeitsbögen. So entstanden auf den Schulhöfen zahlreiche ähnlich anmutende Weideniglus und Weidengänge. Das standardisierte Angebot erwies sich jedoch als Fehler. Statt üppig knospende Spielbereiche zu schaffen, waren nicht wenige Weidenbündel in den märkischen Sand gesetzt oder pfleglos verdurstet. Erst die innere Hinwendung zu den sanften Strukturen veränderte die Schulfreiflächen nachhaltig: Gelassenheit, Kooperationsfreude, Neugierde, Experiment, Kommunikation und Prozess standen nun im Mittelpunkt der Weidenbauprojekte, die mit zunehmender Sicherheit mutiger, größer, differenzierter und abwechslungsreicher gerieten.

So konnten schließlich auch in Berlin die beteiligten Kinder und Jugendlichen durch die vielfältigen sozialen, kognitiven und handwerklichen Erfahrungen während der Bauprozesse und durch den alltäglichen Aufenthalt in einer (mit)wachsenden natürlichen Umgebung nachhaltig in ihrer Entwicklung beeinflusst werden.

Weide macht schlau

Die Notwendigkeit von Weidenbauprojekten für eine moderne Schule

Weidenbauprojekte fördern wie kaum andere Projekte bei den Beteiligten das Wir-Gefühl, die Schulentwicklung, kooperatives Handeln (Partner- und Gruppenarbeit), Kontakte zu und mit Minderheiten, internationale Begegnungen, Selbständigkeit, Planungsfähigkeit, Urteils- und Entscheidungsfähigkeit, die Öffnung der Schule nach innen und außen, Partnerschaften mit Vereinen und außerschulischen Organisationen, handlungs- und projektorientiertes Lernen, Kooperation mit Fachleuten (Weidenbauerinnen, Förstern, Gartenbauerinnen), Wirtschaftskontakte und Betriebskooperationen, die Erarbeitung von Konfliktlösungsstrategien, die Kenntnisse biologischer Zusammenhänge, die Ehrfurcht vor der Natur, Erfahrungen im Gewinnen von Sponsoren und Spenden, die Durchführung von Kulturveranstaltungen, das Verantwortungsgefühl und die Bereitschaft zur Pflege, das Selbstbewusstsein durch den Stolz auf das Geschaffene.

Fächerübergreifende und fachbezogene Lernerfolge werden in fast allen Fächern erzielt.

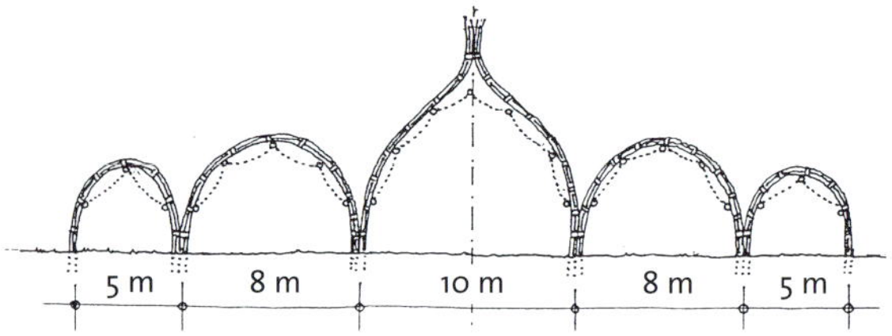

Weidenarchitektur und Schulbau

Ein neues Verständnis von Schule muss sich in Zukunft auch in deren räumlicher Struktur und Form widerspiegeln. Ermutigender Lebensraum ist grün, natürlich gewachsen, das heißt widerspenstig, struppig, anarchistisch und unberechenbar statt glatt, überschaubar und kalt. Humane Schul- und Schulgeländearchitektur ist fantasievoll, anregend, wachsend, verspielt und selbst gestaltet, kommunikativ, voller Geschichten, Schweiß und Spaß. Was wäre da besser geeignet als das Baumaterial Weide?

Modell 1 : 20

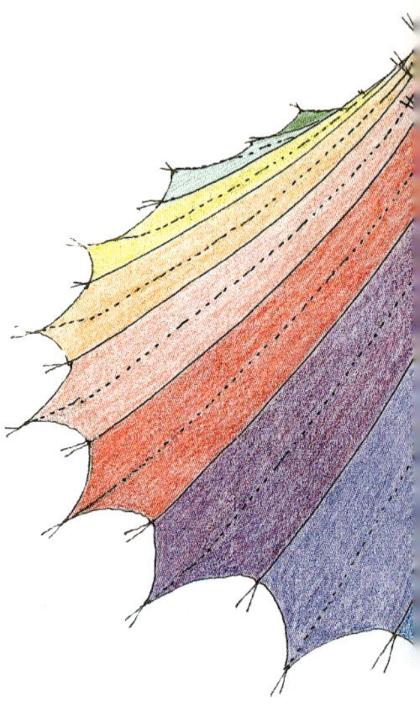

Regenbogenzelt

Schnitt

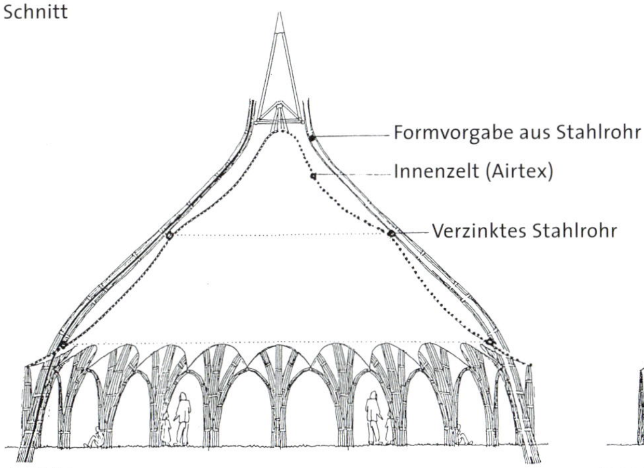

Ansicht

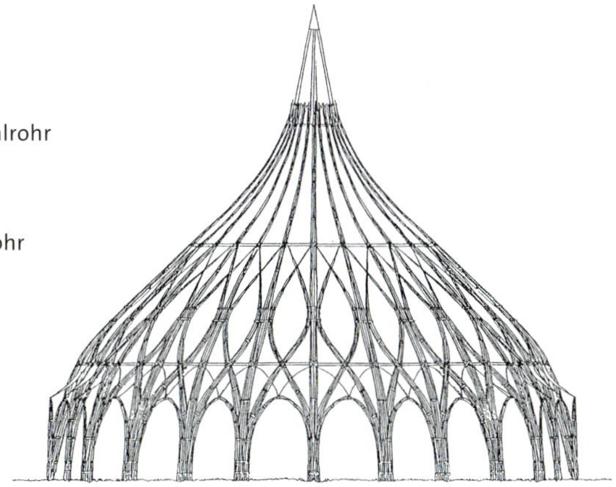

Innenansicht

Weidenkuppel am FEZ, Wuhlheide

Umfragen an Berliner Schulen haben ergeben, dass sich Schüler und Schülerinnen besonders dann zum Lernen motiviert fühlen, wenn ihnen Vertrauen, Zuwendung und Akzeptanz entgegengebracht werden in einem Umfeld, das mit Begriffen wie Wachstum, Entwicklung, Schutz, Zuwendung, Natur, Erde, Wasser, Grün assoziiert wird.

Folgerungen für die Berliner »Schule der Zukunft«

Zur Verbesserung der Leistungsbereitschaft und Motivation von Berliner Schülerinnen und Schülern und zur Entwicklung zukunftsfähiger Schulstandards sind folgende Konsequenzen zu ziehen:

1. Förderung von Weidenbauprojekten in Eigeninitiative an allen Schulen.
2. Berücksichtigung von Lebendbauwerken beim Neubau und der Rekonstruktion von Schulbauten und Schulgeländen.
3. Qualitätssicherung beim Schulbau durch Einsatz von Baumhäusern.
4. Neuanlage von Spielbereichen auf Schulhöfen unter besonderer Berücksichtigung von Weiden, insbesondere Weidengebüschen, Weidentürmen, -höhlen und -verstecken.
5. Anlage von offenen Werkstätten, Bühnen und Pavillons aus Weiden.
6. Förderung der Errichtung von Weidenatrien und -hallen für Aufführungen usw.
7. Kostenlose Bereitstellung von Weidenmaterial, Werkzeugen sowie Moderatoren für Fortbildungsveranstaltungen, Bau- und Spielinitiativen sowie für Kunstprojekte mit Kindern, Jugendlichen und Erwachsenen.
8. Stete Evaluierung wachsender Schulbauten.

Werden diese Kriterien erfüllt, kann die PISA-Studie zu Recht als Anstoß zur Entwicklung einer menschenwürdigen »Schule der Zukunft« interpretiert werden.
Auf die Weiden kommt es an!

Veranstalter: Schulen von Berlin vertreten durch »Grün macht Schule«: Georg Coenen, Ostrud Kuhl, Bernhard Fliss
Entwurf: Sanfte Strukturen: Marcel Kalberer
Ausführung: Sanfte Strukturen: Marcel Kalberer, Bernadette Mercx, Dorothea Kalb-Brenek, Eugen Lüdi, Anna Kalberer, Jaky Roland, Philippe Rohner und 100 Schüler aus Berlin, Bonn und Köln
Regenbogenzelt: Stefanie Hartmann
Dauer: 2 Wochen im März 2000

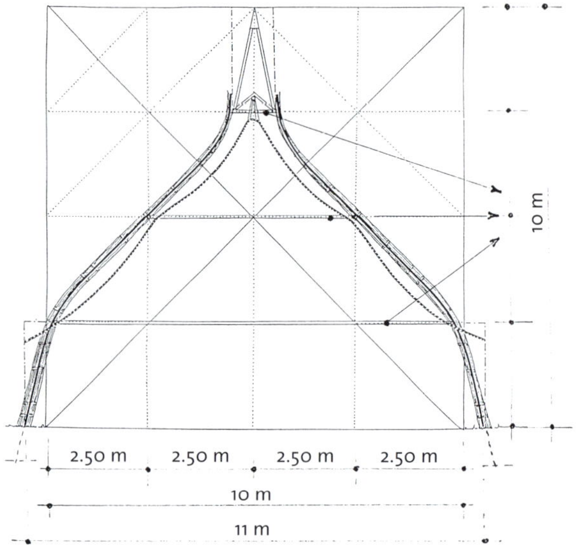

Proportionen

Roh-Baumkonstruktion

Wachstum ein Jahr nach der Pflanzung

Schule als Heimat in Sargans

Bernhard Aggeler ■ Vorbei sind zum Glück die Zeiten einer kahlen, kalten und abweisenden Schulhausumgebung im Oberstufenzentrum Sargans. Vorbei die Zeit der monotonen und öden Rasenflächen, die selten benutzt wurden und nur als Bodenbedeckung ohne ökologischen Wert dienten. Vorbei ist auch die Zeit der gewalttätigen Auseinandersetzungen zwischen schweizerischen und ausländischen Jugendgruppen auf dem Schulareal. Aggressionen zwischen Jugendlichen, die entwurzelt und heimatlos wurden, und Jugendlichen, die sich provoziert fühlen und sich fehlgeleitet an den Werten rechtsideologischer Verblendung orientieren, alle auf der Suche nach einem Wert- und Zugehörigkeitsgefühl.

Eine lang gehegte Idee, ein großes Stück Gewaltprävention wurde von einer motivierten Lehrerschaft mit Unterstützung einer sich des Problems bewussten Behörde vorangetrieben. Dabei war die Schülerschaft aktiv in den Entstehungsprozess einer naturnahen Schulhausumgebung eingebunden. Es entstanden Trockenmauern, Wege, Weidenhaus und Weidentunnel. Diese von den Schülerinnen und Schülern mitgestaltete natürliche Umgebung bietet Lebensraum für Menschen, Pflanzen und Tiere, sie wird zum Lern- und Unterrichtsort. Sie ist ein Signal einer zukunftsorientierten Werthaltung, die die Natur achtet und eine Vielzahl von Nutzungs- und Erlebnismöglichkeiten bietet. Eine Chance für die positive Entwicklung der Persönlichkeit der einzelnen Schüler.

Dahinter steht eine Schulhauskultur, die durch die Übereinstimmung von pädagogischen Zielen und realem Schulraum an Glaubwürdigkeit gewonnen hat. Sie bietet einen Schulraum, der auch Begegnungsmöglichkeiten fördert, indem durch die Weidenbauwerke die nötige natürliche Intimität geschaffen wird. Die Schule ist nicht mehr einfach eine Stätte der Wissensvermittlung, sondern wird zunehmend ein Stück Heimat für alle.

Vorher

Geplant und gebaut: Von den Schülern am Oberstufenzentrum, Sargans
Leitung: Bernhard Aggerer
Im Frühling 2002

Bogengang und Kuppel. Sie erwuchsen zeitgleich drei Alpenkämme von Sargans entfernt in der Stadt Zug, wie uns Toni Anderfuhren berichtet.

Nachher

Rudolf Doernach im Urlaub in seiner Heimat in der Qualle

Welle zum Klettern und Wellenreiten

Wachstum Seestern 2004

Weidenbaumwelten an sieben Schulen in Waiblingen

Der Weg von Rio über Kyoto nach PISA führt über Waiblingen. Die Stadt Waiblingen bot allen städtischen Schulen ihre Unterstützung bei der Verwirklichung ihrer Weidenbauvorhaben an. Sieben Schulen beteiligten sich an sieben verschiedenen Weidenbauprojekten, die zusammen mit dem Atelier Sanfte Strukturen entwickelt und unter Anleitung von sieben Fachkräften der Gruppe umgesetzt wurden.

Hier schlug das tapfere Weidelein mit seiner Weidenpatsche sieben Rio- und Kyoto-Fliegen auf einen Streich:

1. Der Begriff der Nachhaltigkeit wird durch die Verwendung von nachwachsenden Rohstoffen (Weidenruten und Kokosschnur) verständlich.
2. Das Bewusstsein für ökologische Zusammenhänge wird geschärft.
3. Die Pflege der Landschaft und der Kopfweidenkulturen wird durch die Nutzung der Ruten garantiert.
4. Gemeinsinn und Solidarität werden durch das gemeinsame, projektorientierte Handeln gefördert.
5. Die praktischen und kognitiven Fähigkeiten werden durch die sinnlichen Erfahrungen im Umgang mit dem Naturmaterial gestärkt.
6. Das Selbstwertgefühl der Beteiligten wird durch die Verwirklichung von architektonischen Räumen gesteigert.
7. Selbstinitiative und Verantwortung werden durch die langjährige Pflege des Baumwerks gefördert.

Qualle (offenes Klassenzimmer)

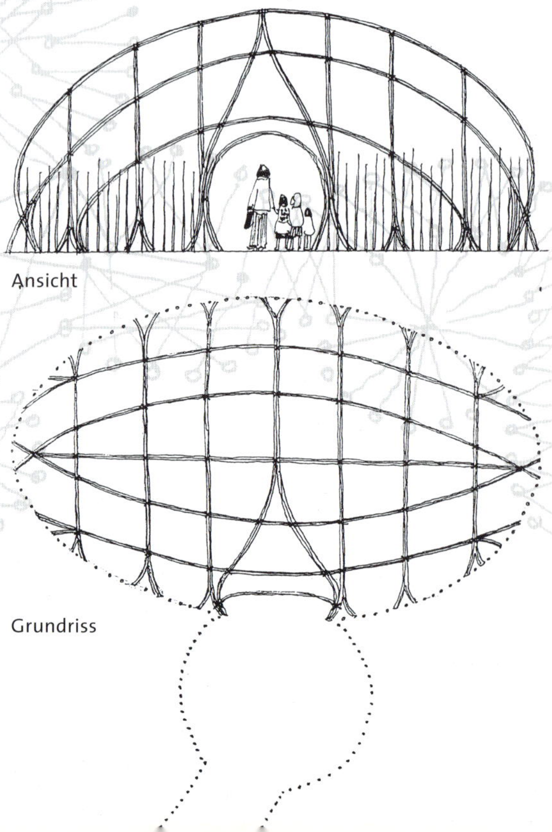

Mitten im Seestern

Im Bauch des Oktopus

Ansicht

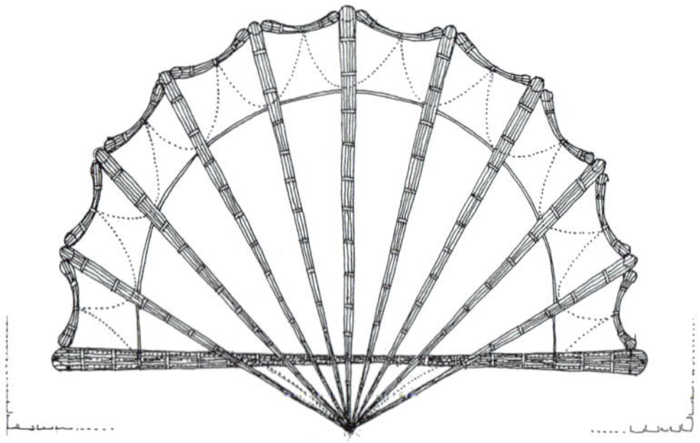

Grundriss

Meduse

Schnecke fürs Schülertheater. Für die 15 m grosse Bühnenschnecke in Hagen (siehe Seite 70)
diente diese Kleintheaterschnecke als Modell im Maßstab 1 : 2.

Meduse in Metamorphose

Veranstalter: Agenda-Büro der Stadt Waiblingen, Ursula Sauerzapf und Gartenbauamt der Stadt Waiblingen
Entwürfe: Sanfte Strukturen: Marcel Kalberer, Eugen Lüdi, Bernadette Mercx, Anna Kalberer und Bernhard Schieber vom Berufsbildungswerk BBW, Waiblingen
Ausführung: **Meduse:** Eugen Lüdi, Adrian Schneider, Bernhard Schieber und Schüler (16 bis 19 Jahre) vom BBW, Waiblingen. **Oktopus:** Bernadette Mercx und Schüler (12 bis 14 Jahre) der Lindenschule, Hohenacker. **Qualle:** Marcel Kalberer und Schüler (12 bis 15 Jahre) der Salierschule, Waiblingen. **Schnecke:** Toni Anderfuhren, Dominique Kunz und Schüler (10 bis 12 Jahre) der Burgschule, Hegnach. **Welle:** Jan Deike, Marcel Kalberer und Schüler (9 bis 16 Jahre) der Wolfgang-Zacher-Schule, Waiblingen. **Seestern:** Anna Kalberer, Petra Evacic und Schüler (10 bis 11 Jahre) der Friedensschule, Neustadt. **Seeigelnester:** Therese Vögtlin und Schüler (7 bis 12 Jahre) der Rinnäckerschule, Waiblingen.
Alle Projekte entstanden gleichzeitig in einer Projektwoche im April 2002

Kölner Weidenarena

Ulla Kreutz ■ Wo denn sonst? Die Kölner Weidenarena sollte am Rhein entstehen, dort, wo sich im Sommer die Jugendlichen in Scharen treffen, um zu feiern, Open-Air-Konzerte zu hören oder einfach zusammenzusitzen. Das Gelände des Kölner Jugendpark e. V. am naturbelassenen Rheinufer unterhalb der Zoobrücke stellte den notwendigen geschützten Raum dar.

Harte Bedingungen: Im Februar regnete es in Köln ohne Unterbruch, und ein eisiger Wind zog unter der Brücke. Die Probe aufs Exempel für gemeinsames praktisches Arbeiten nach einem Jahr Vorbereitung. Schülerinnen und Schüler der Klassen 10, 11 und 12 aus fünf Kölner Schulen, junge Erwachsene aus Uganda, Schülerinnen und Schüler aus Liverpool, Jugendliche aus dem Berufsvorbereitungsjahr des Kolping-Bildungswerks Köln-Mülheim und Mitarbeiter der Ford-Werke AG Köln arbeiteten unter Anleitung des Bauteams von Sanfte Strukturen vierzehn Tage an der Kölner Weidenarena.

Aufbauschau

Rutenbogenschau

Während die eine Gruppe des international gemischten Teams Weidenbogen band und errichtete, kochte die andere täglich ein schmackhaftes warmes Mittagessen für die fünfzigköpfige Mann- und Frauschaft. (Verwirklicht im Rahmen des Förderprogramms von Nordrhein-Westfalen, »Gestaltung von Schulleben und Öffnung von Schulleben« GÖS, bei dem sich Schulen für ihre Projekte Unterstützung durch Beratung und Anschubsfinanzierung holen können.)
Für die Schülerschaft der Hauptschule war es eine seltene Gelegenheit, sich gleichermaßen und gleichwertig neben Gymnasiastinnen und Gesamtschülern im Bauteam zu behaupten. Bei den praktischen Herausforderungen auf der Baustelle ist nicht so sehr das angelernte Schulwissen hilfreich, sondern die Fähigkeit, sich einem neuen Problem so lange zu widmen, bis es gelöst ist. Das Ergebnis waren nicht nur die sichtbaren Lernerfolge, sondern auch die unsichtbaren Glücksgefühle, die alle Mitwirkenden mit nach Hause nehmen konnten.

Modell 1 : 20 vor der Arena 1 : 1

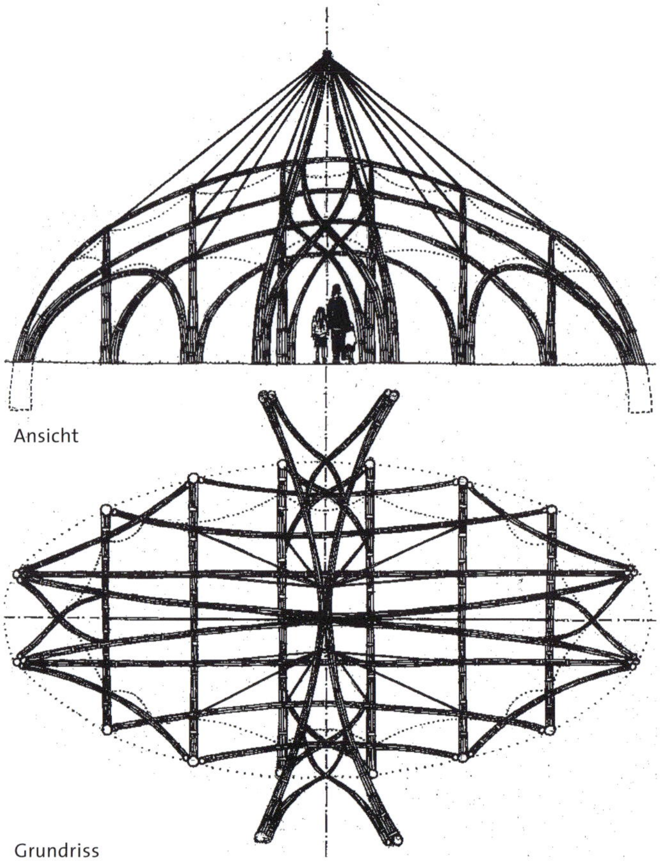

Ansicht

Grundriss

Anna beim Einsammeln der Weidenröhrlinge

Perspektive mit eingehängtem Segel

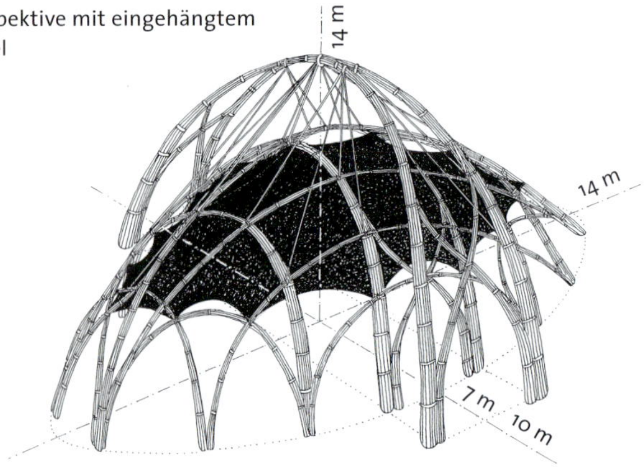

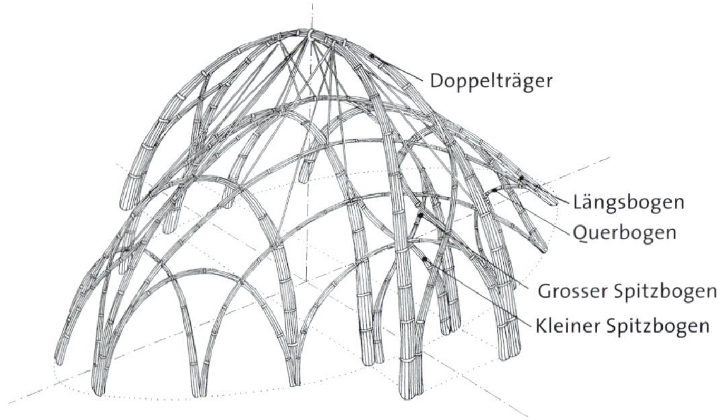

Die erste Anfrage einer Schülervertretung von Köln, das Wahrzeichen der Stadt in Weiden nachzupflanzen, mussten wir ablehnen. Den Kölner Dom nachzubauen ist nicht in unserem Sinn. Doch es handelte sich um ein Missverständnis, denn die Jugendlichen meinten mit dem Wahrzeichen der Stadt die neu erbaute Kölnarena. Mit deutlich weniger Respekt vor diesem Bauwerk gingen wir ans Werk und unterstützten die Schüler, ihre Idee und das Motto: Lieber klein und grün, statt groß und kühn.

Veranstaler: Ulla-Kreutz-Schulen der Stadt Köln, Land Nordrhein-Westfalen, Ford-Werke
Entwurf und Ausführung: Sanfte Strukturen: Marcel Kalberer, Bernadette Mercx, Eugen Lüdi, Anna Kalberer, Dominique Kunz und Schüler von Köln, Liverpool, Uganda
Dauer: 2 Wochen im Februar 2002

Abschlussfest als empirischer Belastungstest

Die Weiden freut es, wenn der Rhein über die Ufer tritt

Weidenschnecke in Hagen

Eile mit Weile

Binde und winde

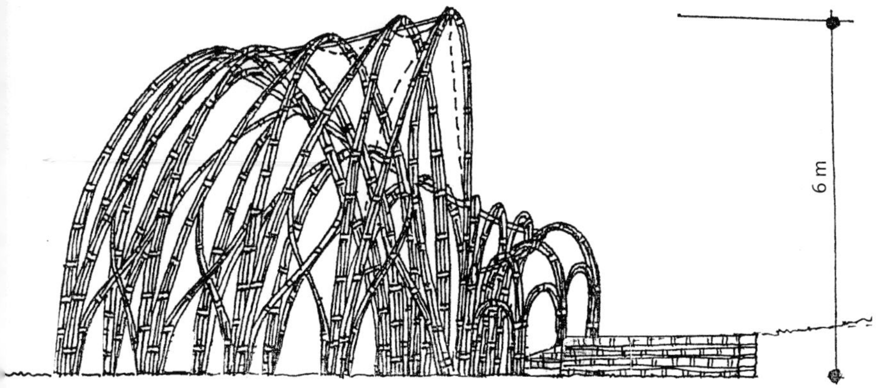

Seitenansicht

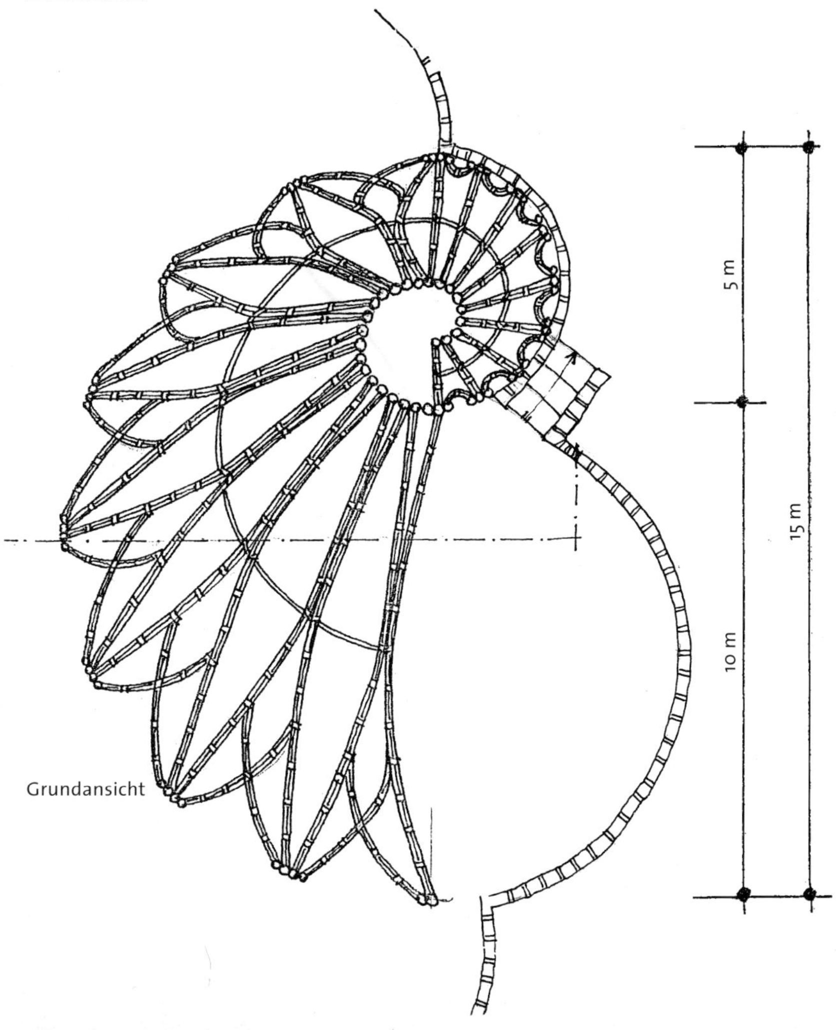

Grundansicht

Annette Bussmann ■ 450 Jugendliche haben bei Wind und Wetter in zwei Wochen dafür gesorgt, dass so mancher Politiker, Dezernent und Professor ins Grübeln kam: Ist das heutige Bild der Jugend wirklich richtig? Muss Architektur glatt und eckig sein? Die Schnecke hat uns einen neuen Blick beschert.

Am Anfang war der Plan, dann das Modell, nun steht ein sich organisch windendes Pflanzwerk, das so aussieht, wie niemand je vermutet hatte.

Es hat Spass gemacht, Jugendliche zu sehen, die kräftig mitanpackten, dabei ab und zu auch ihr Alter vergassen und sich gedankenverloren Rutenfechtereien und Matschschlachten hingaben. Mädchen der Klasse 7b der Gesamtschule Hagen-Haspe sahen das Bauvorhaben so: »Klar helfen wir da mit. Das können Marcel, Bernadette und Annette ja nicht allein schaffen. Wir haben ihnen ordentlich unter die Arme gegriffen. Wir finden es cool, was Tolles für die Natur zu tun ... Mal ehrlich: sieht die Schnecke nicht geil aus? Und wir durften mitbauen!«

Der schriftliche Fragebogen zur Aktion ergab, dass der positive Vorbildcharakter, die Freundlichkeit und Heiterkeit der Betreuungspersonen von grosser Bedeutung waren. Wichtig war 46% der befragten Schülerinnen und Schüler die gute Zusammenarbeit; 85% würden nochmals mitbauen und 30% würden bei der Pflege der Weidenschnecke mithelfen (Annette L. Bussmann: Weidenarchitektur als exemplarisches Beispiel für eine Bildung zur nachhaltigen Entwicklung, Masterarbeit, Universität Rostock 2002).

Mit diesem Projekt ist es gelungen, den Begriff der nachhaltigen Entwicklung in der Region bekannt zu machen.

Perspektive mit

eingespannten Segeln

Modell 1 : 20

Bühnenbogen 10 x 6 m, April 2002

Oktober 2002

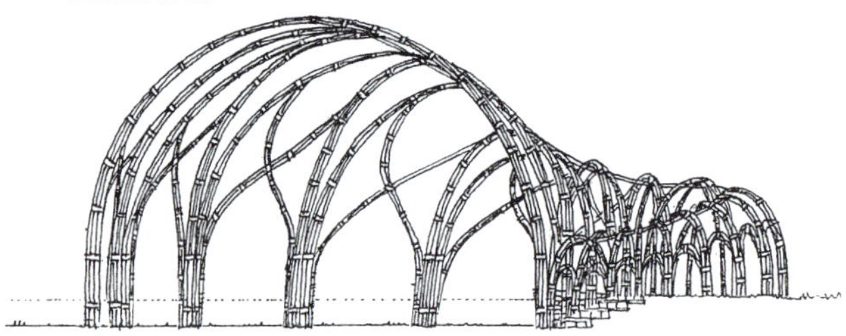

Veranstalter: Annette Bussmann, Naturerlebnis Marienhof, Hagen-Brunsbecke
Entwurf und Ausführung: Sanfte Strukturen: Marcel Kalberer, Bernadette Mercx, Anna Kalberer, Dominique Kunz, Therese Vögtlin, Renate Müller, Sandra Arnts und 450 Schüler und Freiwillige aus der Region
Dauer: 2 Wochen im April 2002

Weidenschnecke als Freiluftbühne

Altgrüne Zeiten von 600 bis 2000 n. Chr.

Gedanken zu Weidenbauten

Bodo Rasch ■ Als in der Zeit vor dem Mittelalter irische Mönche auszogen, um die neue Heilslehre zu verkünden, diente ihnen als Zeichen ihrer Sendung ein Stab, wie ihn einst Moses mit sich geführt hatte, ein Krummstab, wie ihn die Hirten benutzen, um ihre Herden zu führen oder um für die Schafe Blätter von den Bäumen zu schlagen. Dieser Mosesstab, der später zum Bischofsstab wurde und auch heute noch von den katholischen Bischöfen getragen wird, hatte damals noch magische Eigenschaften: Wenn die irischen Mönche irgendwo eine Gemeinde gefunden hatten, die ihnen glaubte, stießen sie ihren Stab in die Erde als Zeichen dessen, was bleibt und Bestand hat. Das Wunder geschah, der Stab wuchs an und bildete Triebe: »Es ist ein Reis entsprungen«, erzählt das Weihnachtslied.

Ein ganz anderer Ort und eine andere Zeit im Mündungsdelta von Euphrat und Tigris, wo die so genannten Schilfaraber leben – oder muss man sagen lebten? Ein großer Teil des Lebens dieses Volksstamms spielte sich auf dem Wasser ab, in Booten, auf denen sie ihren ganzen Haushalt und sogar Kühe transportierten. Selbst vorchristlichen Ursprungs, haben sie die Tradition der im Gilgamesch-Epos beschriebenen Schilfkirchen bewahrt, der Mudhifs, wie sie Wilfred Thesiger dokumentierte. Diese Kirchen sind älter als alle Religionen in diesem Sumpfgebiet.

Zweifellos gab es damals auch Berührungspunkte mit dem Urchristentum, und man kann sich leicht vorstellen, dass Elemente dieser Kultur zusammen mit der christlichen Lehre nach Irland kamen. Dafür spricht auch die wunderbare irische Musik, die viele orientalische Elemente enthält, Dudelsack und Schalmei, den Rhythmus und das Stampfen der Füße und vieles andere mehr, was darauf hinweist, dass schon vor dem 5. Jahrhundert, vor Bonifaz und Patrick, eine christliche Esoterik im Norden Fuß gefasst hatte.

Denkt man sich einen in den Boden gesteckten Mosesstab oder einige dieser Stäbe zusammen, verflochten wie die Ruten einer indianischen Schwitzhütte, und verbindet dies mit einiger Fantasie mit der Technik der Mudhifs, gelangt man mühelos zu lebendigen Bauwerken – Zeugnis dafür, dass die neue Lehre am betreffenden Ort »angewachsen« ist.

Verfolgt man diese Bauweise im Sinne selbstbildender Prozesse konsequent weiter, so entstehen – Marcel kann das sicher bestätigen – die verschiedenartigsten Formen von Weidenbauten- und -kirchen. Und es ist kein Zufall, dass in der Gotik die Knospen auf den steinernen Rippen als ein Zeichen der pflanzlichen Herkunft dieser großartigsten aller christlichen Bauformen anerkannt war.

Die gotische Kathedrale als Ausformung des Nomadenstabs Moses' mag vielleicht eine gewagte These sein, aber sie ist vorstellbar: Und das Wunder des Mosesstabs möge sich darin verwirklichen ...

Vom heiligen Gallus zum Weidendom von Rostock

Marcel Kalberer ■ Es wird den irischen Mönchen auf ihrem Missionszug nach Süden ähnlich ergangen sein wie mir 1400 Jahre später auf meinem Missionszug nach Norden, und dies ohne Rückendeckung eines Ordens – doch davon später.

Wir schreiben das Jahr 600 n. Chr., als der irische Mönch Gallus mit anderen Missionaren nach Süden zog und durch unglückliche Umstände in den Urwald an den südlichen Hängen des Bodensees verschlagen wurde. Wie bei armen Kirchenmäusen und -männern nicht anders zu erwarten, ist kein Budget für eine mönchische Luxuswohnung vorgesehen, und so beginnt er mit Eschen- und Weidenstangen eine lebendige Einsiedelei zu bauen, so wie er es von Irland her kannte. Ein Bär, den er Tedd nennt, hilft ihm dabei, bringt ihm Fische aus dem Bach, Honig und Früchte aus dem Wald und hält ihm die Wildkatzen, Wölfe und bösen Bären vom Hals.

So kann Gallus in aller Ruhe und in weisem Einklang mit der Natur, mit Tieren und Pflanzen, deren Sprachen er versteht, diesen Urgarten beleben und ein lebendiges Haus pflanzen. Einem gottgefälligen Mönch wie Gallus entsprechend wird seine Wohnstatt auch zur Wohnstatt Gottes, sein Haus zu einem Gotteshaus, zu einer Kirche, die, wie es sich gehört, in jeder Hinsicht nach oben offen ist. Diese Kirche aus Eschen- und Weidenstangen pflanzt er genau dort an den Weidenbach, wo später eine Stadt seines Namens erwachsen wird.

Es wäre sicherlich falsch, sich seine Kirche als eine organoide Rutenimprovisation in der Art eines Weidengeknützels und -geknörksels vorzustellen. Ganz im Gegenteil will sich dieser Mönch zum Menschen bekennen und, Gott zu gefallen, seinen ganzen und damit auch Gottes Geist aufbieten.

Der Platoniker Johannes Scotus Erigena, ein irischer Zeitgenosse von Gallus, beschreibt in dieser Zeit die Gesetze der harmonikalen Proportionen, basierend auf Plato und Augustinus, und erkennt in diesen Maßverhältnissen den Willen des Schöpfers und die Quelle aller Schönheit. Davon erfährt auch Gallus, und er ist darum bestens mit den Gesetzen der Harmonik, der Arithmetik und der Geometrie vertraut und kann seine Weidenstangenkirche nach diesen Kenntnissen konzipieren. In Anlehnung an Augustinus Worte, »du hast alles nach Maß, Zahl und Gewicht geordnet«, wird schon die erste Weidenkirche von Gallus in ihren Maßverhältnissen nach den als göttlich verstandenen Proportionen, wie sie sich auch in den musikalischen Harmonien manifestieren, bemessen und erbaut.

Gallus und der Bär beim Entasten der Weidenruten

Für Augustinus, Erigena und Gallus gelten Musik und Architektur als Schwestern, da sie beide Kinder der Zahl sind. Diese frühen Christen bewundern und verehren die Hervorbringungen der Natur, Pflanzen und Tiere, weil sie alle mit dem göttlichen Hauch der Schönheit versehen sind. Diese Verehrung, verbunden mit der Sehnsucht nach der harmonischen Natur, nach dem Paradies, dem heiligen Hain und Garten Eden, ist auch der Hauptgrund für die Freude dieser frühchristlichen Zeit am Weidenbau.
Gallus ahnte, dass neugierige Waldstreicher und Reisläufer, aber auch viele lernbegierige junge Leute herbeikommen würden, die dann versuchen würden, seine Naturbauweise ebenso nachzuahmen wie seine auf Gottvertrauen gegründete gelassene, unbekümmerte und heitere Lebensweise. In den folgenden dreißig Jahren bis zu seinem Tod und noch lange danach siedelten sich viele Bewunderer und Nachahmer am Weidenbach an. Sie folgten dem Weg des Gallus, indem sie ihm nacheiferten, ihn gar zu übertreffen versuchten, wozu er sie auch gesporni hatte. Der eine pflanzte eine immergrüne Eckehartsbasilika, ein anderer einen bunt blühenden Notkergang. Es vergingen zweihundert Jahre, bis der grüne Geist verblasste und die naturverbundenen, pulsierenden, lichtdurchfluteten, zwitschernden Kathedralen zu Relikten ihrer selbst wurden: zu steinernen Verewigungen. Das Ziel der Gottesnähe verfehlten diese Versteinerungen gerade deshalb, weil sie Gott in die Ewigkeit extrapolierten. Nur ganz wenige unter den Weisen bemerkten, dass sich Gott mit den verwelkten Weidenkathedralen in den Kompost zurückgezogen hatte.

Notkergang von Arthur Wiechula

Im Kirchenschiff

Climbing to heaven

Die irischen Wurzeln der Siedlung gerieten immer mehr in Vergessenheit und mit ihnen die Tradition und das Wissen über die Lebendbauweise. Durch den italienischen Ordensgründer gewann der römische Einfluss die Oberhand, und so verblich auch die Liebe zu den Bären, den Vögeln und den Weiden. Erst vierhundert Jahre später wird sich dann ausgerechnet ein Italiener aus Assisi wieder daran erinnern.

Vom Zeitgeist angeblasen, beschließen die Mönche von Gallusien, sich inmitten einer gigantisch großen Klosteranlage eine Kathedrale aus Stein für »alle Ewigkeit« zu bauen. Dazu fordern sie einen Master- und Klosterplan, ohne dass jemand genau wüsste, was das ist, denn es gab zuvor noch keinen. Prompt aber wird hier der erste Planer und Zeichner gefunden und ein erster Kloster- und Kirchenplan auf Pergament gebracht (Klosterplan, St. Gallen, um 820 n. Chr.). Im Zuge der Entwicklung vom Weidenbau zum Steinbau wird auch der Weidenbach modisch in Steinach umbenannt, und aus Gallusien wird Sankt Gallen.

Hier in St. Gallen beginnt auch meine Geschichte. Sie lässt mich 1350 Jahre nach dem irischen Bärenfreund in seinen Jagd- und Geistesgründen aufwachsen, seine Klosterschule durchleiden und in der Steinach Steine sammeln, wo ich doch lieber im Weidenbach mit Weidenruten geangelt hätte.

Die historische Tradition der mesopotamisch-irisch-gallischen Rutenbündeltechnik, die sich bis heute noch im Kantonswappen erhalten hat, wirkt ungefiltert direkt und äußerst vehement auf meine architektonische Entfaltung ein. So eindringlich ist die Prägung, dass ich selbst noch zwanzig Jahre nach meinem Wegzug aus Gallusien nicht von der Rutenbündeltechnik lassen konnte und im nördlichen Ausland diese Bauweise neu erfinden und am Ende des letzten Jahrtausends einen Weidenbauboom auslösen musste.

Nach fünfzehn Jahren Weidenbündelbau, genau 2000 n. Chr. und 1400 Jahre nach Gallus, wurde auch ich zur Mission verpflichtet. Heiliger Gallus, wozu hast du mich verdonnert? In Rostock soll in der irisch-gallischen Baumart wieder eine Kathedrale erwachsen wie dermaleinst am Bodensee. Nach einer Tagesreise vom Bodensee am Boddenmeer angekommen, erkannte ich hier viele Parallelen zur eigenen Frühgeschichte. Auch in den Wäldern, Städten und Heiden von Mecklenburg bis Vorpommern leben nur wenige Christen. Als mir die Kirchenväter anvertrauten, dass nur drei Prozent der Menschen in diesem Heiden-, Küsten- und Moränengebiet sich als Christen bekennen, weckte dies mein angeborenes Mitgefühl für Minderheiten. So versprach ich auf der Stelle, mit dem schönsten Entwurf und den motiviertesten Mitarbeiterinnen, allen voran meiner Assistentin und Weidenbauleiterin Bernadette Mercx, eine so großartige und faszinierende Weidenkathedrale zu errichten, dass ihre Ausstrahlung und Wirkung auf das heidnische Volk zwangsläufig zu einer Steigerung des christlichen Anteils an der Bevölkerung führen müsste. (Mein

Marcel entdeckt die Weidenrute im Vögelisegg, 1951

Ziel von fünf Prozent sollte Mecklenburg-Vorpommern eine vergleichbare christliche Quote wie in Indien bescheren.)

Meine Entwurfsüberlegungen zur neuen Missionskathedrale in Mecklenburg führten mich zurück zu Gallus, seiner irischen Weidenkirche und zum ersten Kathedralenplan von 820 n. Chr. Wo die Kirche neu erwachsen soll und sich wieder zu den frühmittelalterlichen Naturfeiern und Gottesdiensten in den lebenden Weidenkirchen zurücksehnt, sollte auch der neue Kirchenplan wieder dahin zurückverweisen. Ich übernahm den ältesten überlieferten Plan des Klosters St. Gallen, von dem anzunehmen ist, dass er sich an die lebendigen Vorgängerkirchen anlehnt. Warum sollte ich ihn nicht – back to the wurzels – wieder in einen Weidenplan zurückführen? Warum sollte sich der Kreis nicht schließen? Die vielleicht letzte Basilika wieder an die erste erinnern, als Ende, als Symbol oder gar als symbolischer Neubeginn?

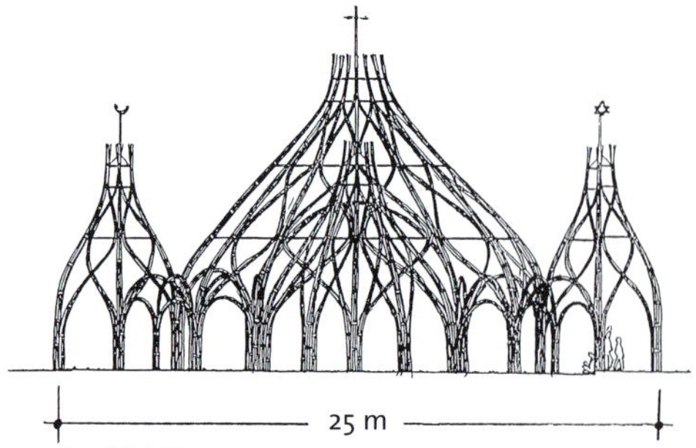

Ansicht Chor

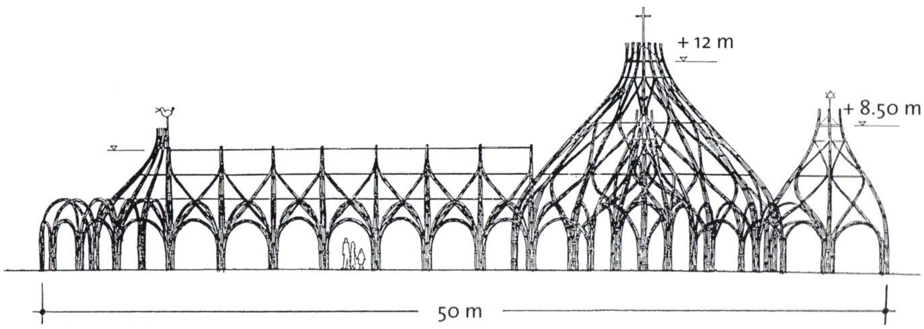

Seitenansicht

Modell 1 : 50

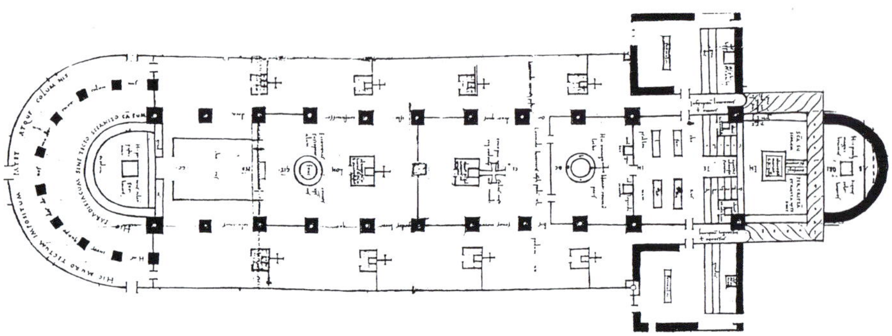
Klosterplan St. Gallen, 820 n. Chr.

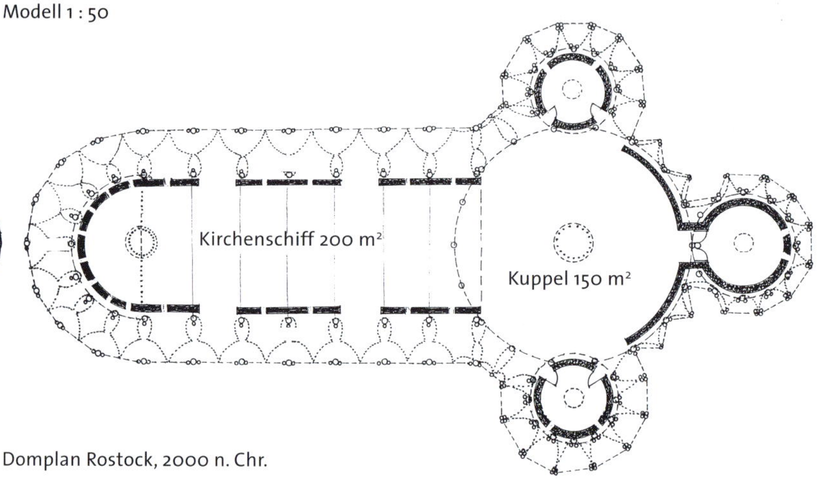

Domplan Rostock, 2000 n. Chr.

Apsiden aus Lehm
und Reet

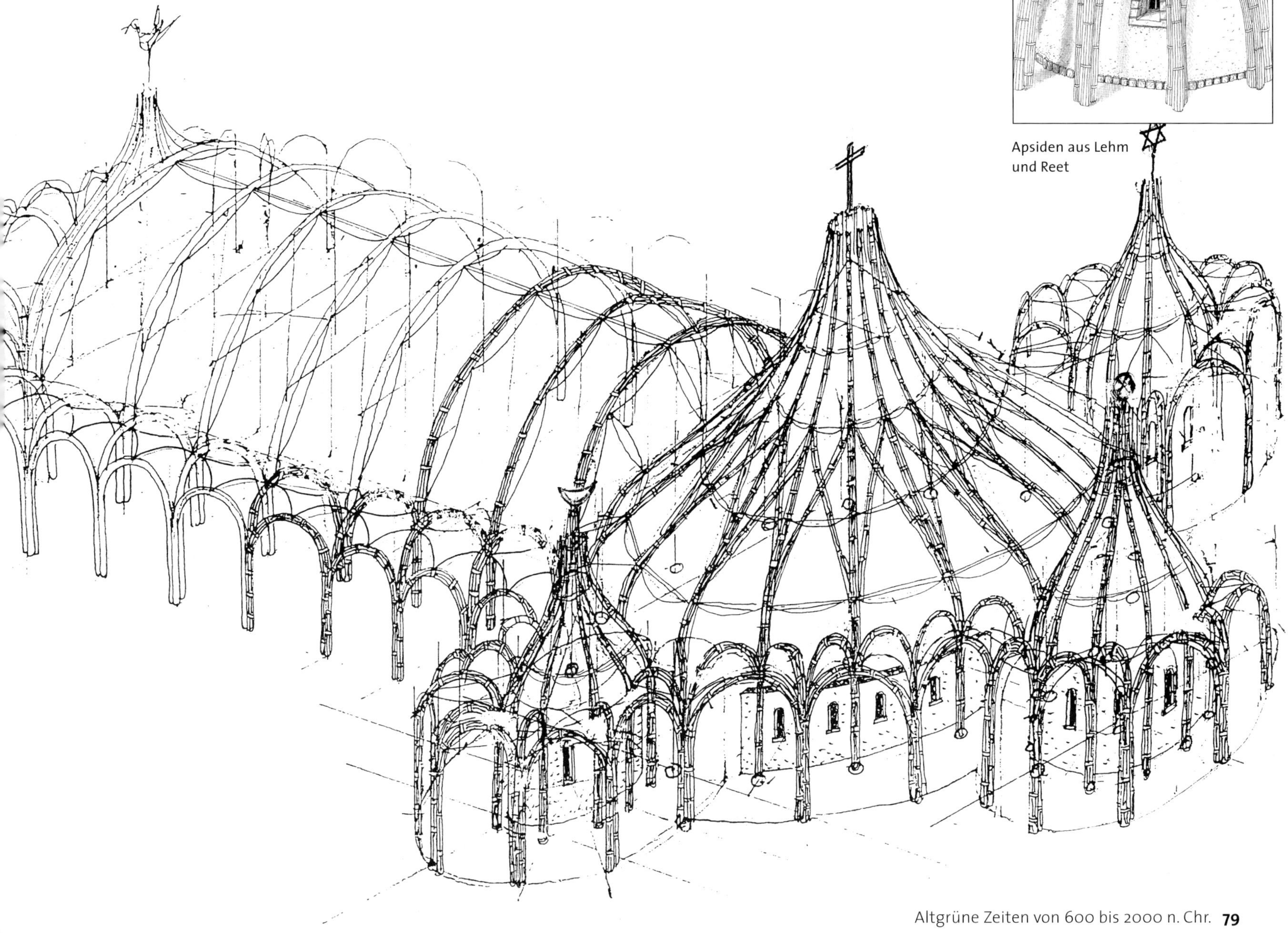

Im Frühjahr 2001 war Baubeginn. Wie Gallus konnte ich bei diesem gottgefälligen Unternehmen mit großer Hilfsbereitschaft rechnen. Die Mitarbeiterinnen und Mitarbeiter der Gruppe Sanfte Strukturen organisierten die Baustelle und die Verteilung der Arbeiten an die fünfzig bis sechzig Freiwilligen, die zwei Monate lang, von Februar bis April, jeden Tag, bei jedem Wetter, bei Regen und Schnee mitarbeiteten. Es kamen über sechshundert Freiwillige aus ganz Europa auf die Baustelle: Künstler aus Armenien und Estland, Architekten und Studenten aus Russland, Lettland und Litauen, spontane Helfer aus Polen, Junge und Ältere, Familien, Mütter mit Kindern und etliche, die schon bei prototypischen Profanbauten wie dem Auerworldpalast wertvolle Praxiserfahrung gesammelt hatten, schließlich auch viele Helfer und Helferinnen aus dem direkten Umland und aus Rostock. Öfter wünschte ich mir auch einen Bär als Freund, der uns ab und zu einen Hering aus der Warnow gezogen oder uns mit Honig verwöhnt hätte.
Doch auch ohne Fisch und Honig kletterten die jungen Helfer bei Regen und Schnee auf den zehn Meter hohen Gerüsten herum, Kinder hackten mit Macheten die Äste von den Ruten, und ohne technische Hilfsmittel oder Maschinen stemmten und zogen alle gemeinsam mit bloßen Händen und tosendem »Hauruck« die bis zu einer Tonne schweren Träger und Bogen in die Höhe. Unser großes Gottvertrauen wurde belohnt, und wunderbarerweise überschattete kein einziger Unfall den Kathedralenbau. Nach genau zwei Monaten war das Baumwerk gepflanzt und meine Mission beendet.

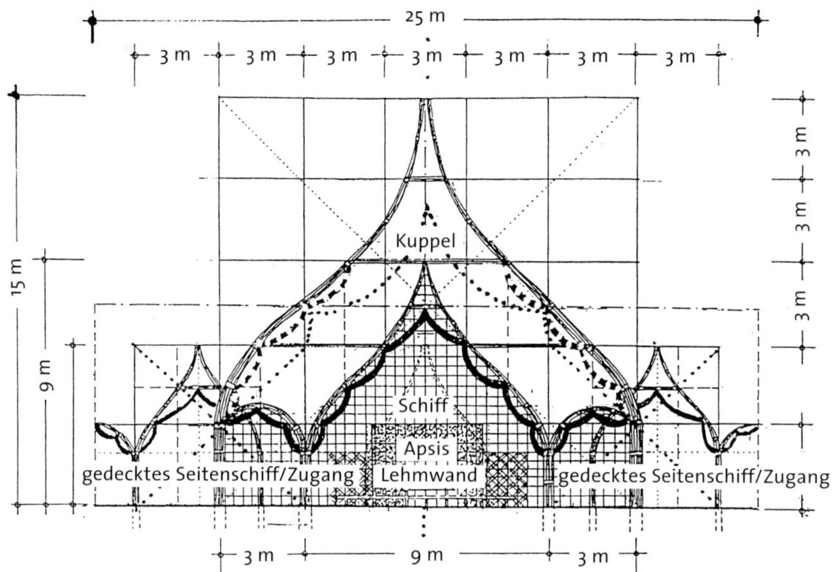

Proportionen

Schwester Claudia weiß den ästhetischen Reiz der luftigen und offenen Kuppeln und Gewölbe zu schätzen

Kuppelbau im Februar 2001

Was sagt das späte Mittelalter zur Neuzeit?
Geoffrey Chaucer (1343–1400), schrieb in seiner Dichtung »Das Haus der Fama« von 1380:

»Das Haus, von dem ich rede, war
Emporgerichtet ganz und gar,
Hier grün, dort weiß, aus Rohr und Zweigen
Und Weiden, wie den Körben eigen,
Den Kiepen, Hüten und Gehegen,
Die Leute oft zu flechten pflegen.
Die Zweige füllten dieses Haus
Gar manche Töne, Schälle, Klänge
Und Zwitschern und Geräusch in Menge.
Es hat an Toren dieser Raum
So viel, wie Blätter sind am Baum,
Wenn grün zur Sommerszeit er steht.
Das Dach Ihr rings durchbrochen seht
Von tausend Löchern und noch mehren,
Dem Schalle Ausgang zu gewähren.
Das Haus – des könnt Ihr sicher sein –
Von dem ich rede, war nicht klein.«

Weidenbündelwald

Der Dombau zu Rostock

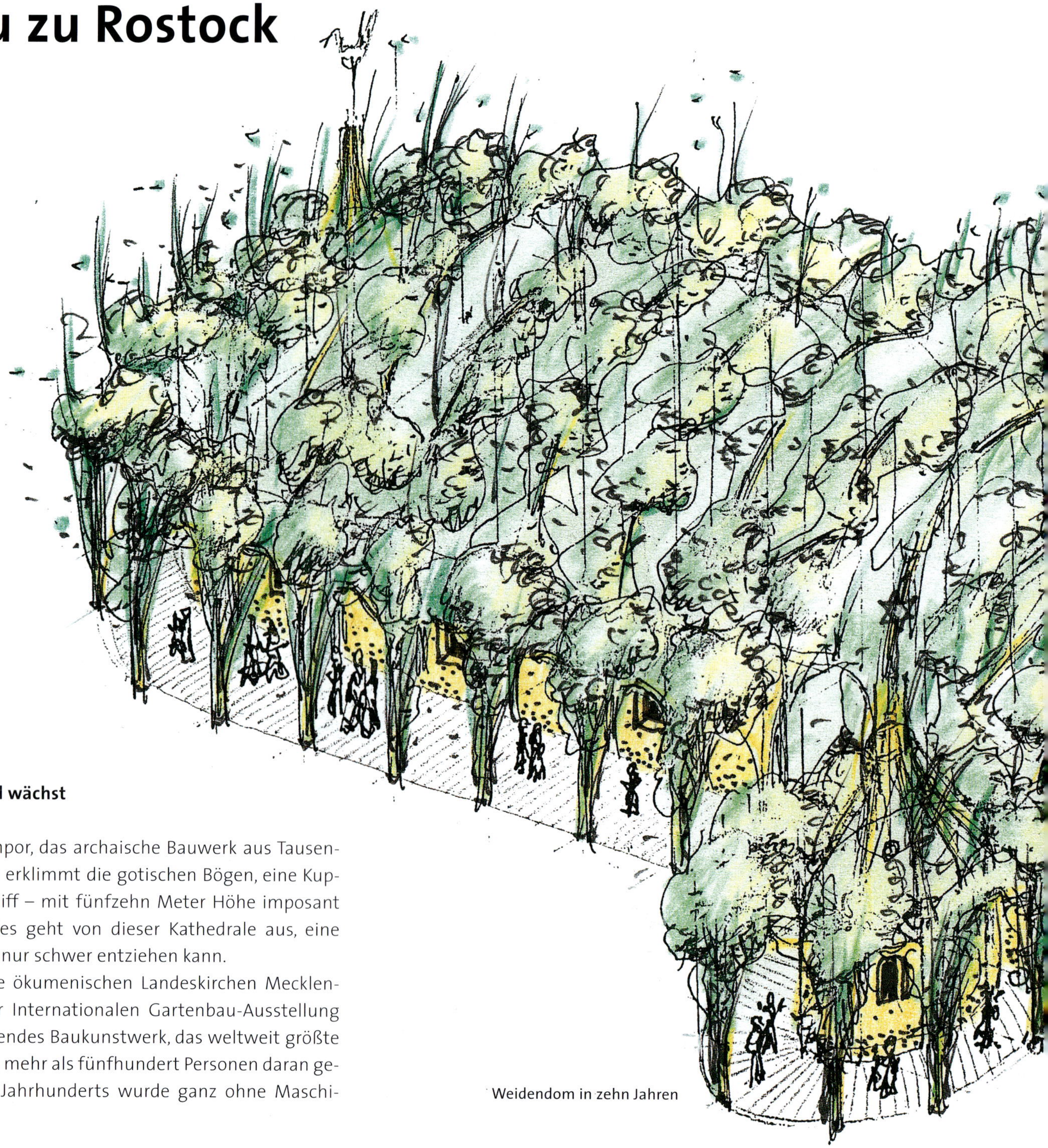

Weidendom in zehn Jahren

Wie eine Kathedrale in den Himmel wächst

Tanja Müller ■ Erhaben ragt es empor, das archaische Bauwerk aus Tausenden von Weidenzweigen. Blattgrün erklimmt die gotischen Bögen, eine Kuppel krönt das mächtige Kirchenschiff – mit fünfzehn Meter Höhe imposant und doch grazil. Etwas Ergreifendes geht von dieser Kathedrale aus, eine Faszination, der sich der Betrachter nur schwer entziehen kann.
Schlicht »Weidendom« nennen die ökumenischen Landeskirchen Mecklenburg-Vorpommerns ihr Projekt zur Internationalen Gartenbau-Ausstellung (IGA) 2003 in Rostock. Es ist ein lebendes Baukunstwerk, das weltweit größte seiner Art. Zwei Monate lang haben mehr als fünfhundert Personen daran gearbeitet. Diese Kathedrale des 21. Jahrhunderts wurde ganz ohne Maschi-

neneinsatz, nur mit Menschenkraft erschaffen. Das Prinzip ist simpel: Weidenruten werden in riesigen Bündeln in die Erde gesteckt, schlagen Wurzeln und wachsen.
»Der Dom ist wie ein Wald, den wir pflanzen, dem wir eine eigene Form geben«, so Marcel Kalberer. Der Architekt organisiert mit der Baukunstgruppe Sanfte Strukturen die Arbeiten an der Kirche. Seine geschichtlichen Wurzeln hat das Naturbauwerk in Mesopotamien: »Die Schilfbauten der Sumerer sind die älteste uns bekannte Architektur.« Während es zwischen Euphrat und Tigris Schilf im Überfluss gibt, sind es in Norddeutschland Weiden. »Ruten findet man hier überall, sie wuchern sogar an Autobahnen«, bemerkt Kalberer. Beim Stutzen von Kopfweiden fallen sie als Ernteprodukt an.
Ähnlich wie einst die Sumerer mit Schilfbündeln bauten, entstand auch der Rostocker Dom. »Werden die Ruten richtig eng gebunden, sind sie stabil wie Leimbinder«, sagt der Architekt. Mehrere hundert Rutenbündel von gut dreißig Zentimeter Dicke und siebzehn Meter Länge überspannen die Kirche. »So ein Bogen wiegt zwischen fünfhundert und achthundert Kilogramm« – Gewichte, die die Weidenbauer allein mit Seilen sowie Hebel- und Muskelkraft aufrichteten.
Bauhelfer aus vier Generationen, zwölf Nationen und den verschiedensten Berufen haben mitgemacht – freiwillig, nur für Kost und Logis. Der Kirchbau als Happening. »Man lebt, arbeitet und feiert zusammen«, sagt Marcel Kalberer und fügt lachend hinzu, »wie im Mittelalter.«
Die Verpflegung der Helfer macht den Hauptteil der Kosten aus. Eine Million Mark sind insgesamt veranschlagt worden: »Eine normale Kirche in dieser Größe würde das Zehn-, wenn nicht das Zwanzigfache verschlingen.« Doch an diesem Bau(m)werk übernimmt schließlich die Natur den größten Teil der Arbeit. Nach zwei Monaten Bauzeit wird der Dom sich selbst überlassen. Dann geht es an den Innenausbau, Segel werden eingehängt, feste Wände mit Lehm und Stroh gezogen. Konkrete Pläne hat Weidenbaumeister Kalberer noch nicht: »Das Interieur wird den Wünschen der Bauherren und natürlich dem Domwachstum angepasst.«
(Der Bau von Auerworldpalast und Weidendom ist festgehalten im lyrischen 16-mm-Film von Karl-Heinz Heilig, »Zwischen Himmel und Erde – Die Baukunst der Glücklichen«, Oldenburg 2002, 85 Minuten. Videokassetten bei: info@heilig-film.de.)

Weidendom zur Internationalen Gartenausstellung, IGA, 2003 in Rostock
Veranstalter: Ökumenische Kirchen an der IGA Rostock 2003
Projektträger: Evangelisch-Lutherische Landeskirche Mecklenburgs, Pommersche Evangelische Kirche, Nordelbische Evangelisch-Lutherische Kirche, Erzbistum Hamburg.
Initiatoren: Sabine Handrick, Albert Krummsdorf, Änne Lange, Ulrich Mittag
Entwurf: Marcel Kalberer, Sanfte Strukturen
Ausführung/Projektleitung: Marcel Kalberer, Assistenz: Bernadette Mercx
Mitarbeiter der Baukunstgruppe Sanfte Strukturen: Toni Anderfuhren (CH), Cécile Baud (F), Sofie De Beardemaeker (B), Raul Böhm (D), Tanja Georgieva (BUL), Gabriele Hüttl (D), Anna Kalberer (D), Dorothea Kalb-Brenek (D), Karin Krause (D), Tobias Krause (D), Michael Kussl (D), Dominique Kunz (CH), Eugen Lüdi (CH), Karin Raneburger (D), Philippe Rohner (F), Jaky Roland (CH), Adrian Schneider (CH), Therese Vögtlin (CH), Birgit Weiden (D)
Unterstützung und Begleitung: Sabine und Gerald Handrick, Karin Kruse, Maria Pistor, Hans-Georg Deichmann, Albert Krummsdorf, Ulrich Mittag, Siegfreid Zuknik
Organisation: Matthias Kleininger, Christian Tiede, Alexandra C. Hector, Rüdiger Liedtke, Julianne Neumann
Realisierung Weidenbau: Februar bis April 2001
Freiwillige Kathedralenbauerinnen und -bauer: Thomas Aehnelt (D), Dietmar Adlung (D), Monika Arthur (D), Ara Aslanyan (ARM), Agnessa Avagyan (ARM), Martin Bade (D), Andreas Bahr (D), Nicole Bachnick (D), Zijad Begic (D), Helena Beekmann (D), Nicole Bender (D), Mereike Becker (D), Peter Behrend (D), Nicole Behrens (D), Sven Beutel (D), Ulrike Beyer (D), Alexander Bien (D), Philipp Bischof (D), Marie-Luise Bode (D), Oliver Bodmann (D), Sylvia Böhme (D), Arne Borchart (D), Elisabeth Bormann (D), Sandra Boy (D), Ricky Brosinski (D), Grugon
Brzenzyszwykiewicz (P), Barbara Burghof (D), Dave Büttler (CH), Rita und Peter Caluori (CH), Van Nguyen Chan (D),
Pawel Chmielinski (PL), Tomasz Chrzanowski (PL), Tanja
Corbach (D), Katrin Cords (D), Ruth Dahms (D), Piotrek Cypel (PL), Susanne Dathseck (D), Gayane Davtyan (ARM), Karen Dietz (D), Maike Dittmar (D), Marian Doba (D), Michael Dräger (D), Reinhard Dreyer (D), Georgi Galadse (D), Iris Gaude (D), Gundel Drehmel (D), Magdalena Dreysse (D), Sven Eichrodt (D), Susann Engelhardt (D), Jürgen Ernestus (D), Daniel Etmanski (D), Lars Fabian (D), Sven Falcone (D), Heidelinde Felgner (D), Petra Findeklee (D), Lotte Fischer (D), Claudia und Peer Flittert (D), Franziska Floss (D), Mirko Freyer (D), Markus Fugmann (D), Ines Fuhrmann (D), Andrea Fürst (D), Evgenij Galeckij (D), Karin Geissler (D), Marina Georgi (D), Maria Gildemeister (D), Nicole Glasenapp (D), Sven Gläsner (D), Kirstin Götze (D), Jürgen Gunkelmann (D), Martin Graf (D), Heike Grasenack (D), Peter Grevesmühl (D), Sven Grimmer (D), Robert Gröber (D), Erdmute Grosser-Bald (D), David Groth (D), Katrin Grothe (D), Nicole Grossmann (D), Anna Grzywacz (PL), Michaele Gschrey (D), Regina van der Haar (D), Steffi Hahn (D), Reni Hamann (D), Vardan Hambardzumyan (ARM), Sabine und Gerald Handricks, Nora Hartmann (D), Steffi Hartmann (D), Sascha Hartmann (D), Cindy Hass (D), Tim Heese (D), Jens Hellmann (D), Jan Hellwig (D), Peggy Hempel (D), Nicole Hendess (D), Andreas Hetfeld (N), Angelique Hennings (D), Annika Herrig (D), Nguyen Hiep (D), Gabi und Adreas Hetfeld (NL), Helga und Manja Hethke (D), Madeleine Hoffmannbeck (D), Ines Hollmann (D), Michaele Hommann (D), Manuela Horber (D), Christel Huhndorf (D), Rene Ihm (D), Laura Isbarn (D), Ellen und Robin Jahnke (D), Nadine Jakob (D), Heika Jakobs (D), Jordan

Janka (D), Michael Jastrowski (D), Lene Jessen (D), Ulrike Jurrak (D), Pjotr Kajak (PL), Lothar Kamradt (D), Siegfried Karok (D), Martin Kathrin (D), Nina Kemmerzehl (D), Katharina Keil (D), Abraham Kidane (D), Konstantin Kirsch (D), Olga Kisiolek (PL), Wieland Kitzing (D), Ute Klappschinski (D), Thomas Klaus (D), Robert Klooch (D), Andreas Knoll (D), Pia Köppe (D), Antje Koltermann (D), Nadine Krautheim (D), Mathias Krebs (D), Frank Krefft (D), Juri und Oliver Krenz (D), Frieda und Benjamin Kretschmer (D), Marko Kriese (D), Daniela Kröger (D), Kai Kruppe (D), Madeleine Kühn (D), Birgit Kuck (D), Lennart Lams (D), Szymon Lasocki (PL), Robert Lembke (D), Thomas Leverenz (D), Carsten Loeschert (D), Marko Lohmann (D), Stefanie Maack (D), Martin Mähling (D), Sabine Manthey (D), Arthur Mareike (D), Joanna Markiewicz (PL), Elya und Samuel Marutyan (ARM), Kathrin Martin (D), Arnos Martirosyan (ARM), Tigranuhi Martisyan (ARM), Shushanik Marutyan (ARM), Wolfgang Mather (D), Lena Massek (RUS), Angela Matthes (D), Arkadiusz Mazurek (PL), Samuel N. Mazoutyan (ARM), Barbara Meiling (D), Till Meiling (D), Peter Meinecke (D), Meg Mercx (NL), Gudrun Merkle (D), Antje Middelschulte (D), Fritz Mielert (D), Jana und Christoph Mödder (D), Markus Möller (D), Maria Mokosch (D), Matthias Müller (D), Peter Müller (D), Lydia Nagel (D), Julia Nedel (D), Joachim Neether (D), Maria Nehls (D), Marcel Neubauer (D), Falk Neugebauer (D), Sylvia Neumann (D), Djuke Nickelsen (D), Torsten Nicklaus (D), Matthias Noss (D), Marzena Nowicka (PL), Claudia Paetsch (D), Ilona Parmamuzyan (ARM), Peter Peschel (D), Enrico Peters (D), Gunda Petersen (DK), Johannes Pfohl (D), Marcin Podsiadly (PL), Kathrin Poller (D), Josef Polz (D), Claudia Pyka (D), Jenny Ptschyody (D), Nancy Radtke (D), Jens Raecke (D), Monika Raese (D), Marc Raschke (D), Karolin Rathsack (D), Petra Renk (D), Anjou Reuter (D), Katja Riebe (D), Christian Riegel (D), Elisabeth Riemschneider (D), Christoph Roggatz (D), Marco Rohde (D), Judith Rödel (D), Dorothea und Hubert Röser (D), David Rosch (D), Heidei Rosenkranz (D), Uta Rosentreter (D), Cornelia Roth (D), Paulina Rusinek (PL), Dietmar Russ (D), Mandy Saalfeld (D), Elke und Amélie Sandau (D), Nicole Schröder (D), Bernhard Schieber (D), Anja Schinke (D), Timo Schmelzle (D), Bastian Schmid (D), Christa Schmidt (D), Hardwig Schmidt (D), Steffanie Schmidt (D), Elke Schnalle (D), Sven Schneider (D), Brigitta Schober (D), Ralf Scholte (D), Juliane und Martin Scholz (D), Karin Schilf (D), Christoph Schön (D), Katrin Schönheidt (D), Roswitha Schoenrock (D), Lydia Schubert (D), Walter Schühle (D), Nicole Schröder (D), Christin Schuhmacher (D), Sven Schultz (D), Martin Seeburg (D) Hanna Sewing (D), Stefan Sieg (D), Ingrid Siegert (D), Radek Sobiech (PL), Christine Sonak (D), Horst Spranger (D), Lukasz Stefaniak (PL), Ursula Stooss (D), Konrad Stralik (D), Kirstin Ströbel (CH), Kirstin Strutz (D), Hanna Sewing (D), Mathias Stegmann (D), Henryk Szczepaniak (PL), Heike Tanneberger (D), Karin Tanz (D), Marek Tanczyk (PL), Thjis de Smid (NL) ,Ulrike Trost (D), Nancy Thumann (D), Lydia Uhl (D), Marian Ulbricht (D), Simona Viehweger (D), Claudia und Ekkehart Voigt (D), Heike Tanneberger (D), Christina von Thaler (D), Rosemarie Theide (D), Daniela Tiedt (D), Wladimir Waibert (D), Domenico und Christian Wallner (D), Stephan Wallstabe (D), Gudrun und Daniel Wegner (D), Mirko Weick (D), Franziska Wendt (D), Ronny Wentzel (D), Sonja Wicks (D), Dennis Wiesner (D), Luc de Wiid (NL), Carl Winter (D), Aneta Wilczek (PL), Gabriele Winge (D), Carl Winter (D), Falk Wirbel (D), Angela Wolf (D), Friederike Wolff (D), Ulrike Wolff (D), Caroline Wulsten (D), Ronald Wycisk (D), Yeremer Yegor (D), Roland Zaworski (PL), Can Zeki (D), Gunther Zilz (D), Ursel Zimmermann (D) und viele mehr, die leider ihren Namen nicht im Baubuch hinterlassen haben.

Die Eschen-Weiden-Kathedrale irischer Mönche, 600–800 n. Chr. (Imagination nach dem Idealplan von Viollet le Duc)

Als die Kathedralen grün waren

Marcel Kalberer ■ Das Adjektiv »bäumig« war das Lieblingswort meines Vaters, wenn es darum ging, in einer Kathedrale dem Staunen ein Wort zu verleihen. Er nannte die Kathedralen »bäumig«, und ich frage mich, ob er den Zusammenhang, den ich heute vermute, schon ahnte? Eher nicht, denn er nannte auch barocke Kirchen, Sinfonien von Mahler, Messen von Bruckner und den Gesang von Dietrich Fischer-Dieskau »bäumig«, weil sie für ihn etwas Wunderbares, Großartiges und Geheimnisvolles in sich trugen. Doch sein jeweils emphatisch geäußertes »bäumig«, dieses selten gewordene, altdeutsche Adjektiv war für mich der Anstoß, dem augenscheinlichen Zusammenhang zwischen gotischer Architektur und lebenden Bäumen nachzugehen, der Frage also, ob unsere lebenden Weidenkathedralen die Wiederbelebung einer vergessenen mittelalterlichen Bautradition bilden.

Auf dem Weg zu den Wurzeln der bäumigen Kathedralen stieß ich auf James Hall (1761–1832), einen englischen Architekturhistoriker, Forscher und Weidenbauer aus dem 18. Jahrhundert, mit dem ich die geschätzten Leser und Leserinnen zurück ins 12. Jahrhundert begleiten möchte. James Hall erbrachte den praktischen Nachweis, dass die frühen gotischen Kathedralen auf frühchristliche Kirchen zurückgehen, die irische Mönche aus Eschenstämmen und Weidenruten pflanzten. Auf welche historisch noch weiter zurückliegenden Traditionen diese Baukunst zurückging, darüber lässt sich trefflich spekulieren – denn die nach materiellen Fundstücken suchenden Archäologen werden an den möglichen Standorten herrlichster keltischer Weidenpaläste außer Kompost nichts Verwertbares ausgraben können.

Mit großer Wahrscheinlichkeit lernten die irischen Rutenbauer ihre Kunst von den Schilfbauern aus Mesopotamien. Seit der Zeit von Gilgamesch (um 3000 v. Chr.) bauen im Sumpfland zwischen Euphrat und Tigris die Menschen mit langen Schilfrohren, die sie zu dicken Bündeln zusammenbinden und zu grossen Bogen biegen. Diese Mudhif-Bauweise ist die älteste uns bekannte Bautechnik und diente wohl den irischen Rutenkirchenbauern als Vorbild. Indem sie statt der Schilfrohre Weidenruten verwendeten, gelang ihnen der Sprung in die Lebendbauweise. Denn im Unterschied zu den Schilfrohren wurzeln die Weidenruten wieder an, und es erwachsen lebendige Baumwerke mit gotischen Natur- und Wachstumsformen.

James Hall jedenfalls erkannte das pflanzliche Form- und Gestaltungsprinzip als Grundmerkmal der gotischen Kathedralen. Ihm fiel die Übereinstimmung von Form und Konstruktion auf: die gotischen Kathedralen folgten den gleichen Gestaltbildungsgesetzen wie natürliche Strukturen, wie Bäume. Aufgrund der Schilderungen von lebenden Weidenkirchen, wie sie von irischen Mönchen und Missionaren gebaut wurden, pflanzte Hall selbst solche lebenden Kirchen aus Eschenstangen und Weidenstecklingen und kam vor zweihundert Jahren zum selben Ergebnis wie wir heute: dass die typisch gotischen Formen wie Kreuzrippen, Spitzbogen und Bündelsäulen sich folgerichtig aus den Formbildungsgesetzen lebender Bäume ergeben. (Zu James Hall siehe auch Marcel Kalberer: »Eine kleine Chronik lebender Baumwerke«, in: Weidenbaubuch, Aarau: AT Verlag 1999.) Hier finden wir keine gewollten oder willkürlichen Formen aus den Launen der Äbte und Künstler, sondern Konstruktionsformen, die der strukturellen Logik pflanzlicher Wachstumsprozesse folgen.

Durch unsere eigenen Bauerfahrungen mit lebenden Weiden können wir die von James Hall aufgezeigte Parallelität zwischen gotischen Konstruktionsformen und natürlichen Formbildungen bestätigen. Mangels besserer architekturhistorischer Erklärungen folge ich auch gerne seiner Theorie, dass die ersten gotischen Kathedralen wohl den gepflanzten Weidenkirchen der irischen Mönche nachgebaut wurden, dass die Ein'-feste-Burg-ist-unser-Gott-Architektur ein in Stein gehauener Versuch war, den gewachsenen Weidenkirchen formal nachzueifern, sie aber zugleich dem Reich des Veränderlichen und Vergänglichen zu entreißen.

War der Wunsch nach dauerhafter Bauweise gepaart mit einem tiefer liegenden Misstrauen gegenüber der schwer kontrollierbaren Qualität lebendiger Prozesse? Wurde es den strenger und asketischer werdenden Mönchen unheimlich bei der opulenten Fruchtbarkeit der Weiden mit ihren ungestümen Trieben, die zu allem Überfluss auch noch mit Hexen- und Wickerkulten in Verbindung gebracht wurden?

Dennoch: Die Gotik, jede Gotik, ob aus Stein oder Weiden, steht in fortschrittlichem Gegensatz zur schwer lastenden, bodenständigen Trägheit und lichtscheuen Architektur der Romanik. Erst die inspirierten gotischen Baumeister lösen die schweren Mauern, Wände und Decken auf und ersetzen sie durch einen Wald von Bündelpfeilern. Diese einzeln stehenden Pfeiler sind denn auch am deutlichsten den Rutenbündelsäulen der Weidenkirchen nachempfunden. Warum sonst diese Bündelpfeiler? Warum sonst die durchgängig floralen und vegetabilen Konstruktionsformen? Es ist erstaunlich, dass auch Otto von Simson, der Protagonist der Kathedralengeschichte, in seinem

Blätterdach

Kreuzrippen von Tours

Rutenbündel

Bündelpfeiler von Wells

Standardwerk »Die gotische Kathedrale« keinen Gedanken an die Herkunft dieser naturinspirierten Formen verwendet und in seiner Folge auch keine anderen Historiker sich an eine Erklärung wagen. Die Naturformen in der Gotik wurden so lange nicht wahrgenommen, interpretiert oder erklärt, bis das Auffällige daran keinem mehr auffiel. So laufen wir durch die Kathedralen und sehen den Wald vor lauter Säulen nicht ...

Wer sich an den Wald erinnert, fühlt sich wie unter einem Blätterdach, sieht, wie die gebündelten Pfeiler zueinander streben, sich auffächern und Rippen bilden und dem natürlichen Astwerk ähnlich sich einander zuneigen, kreuzen oder verflechten, als hätte man Baumspitzen miteinander verbunden. Es entstehen Kreuzrippen, die sich in verschiedensten Anordnungen und beliebigen Geometrien addieren lassen.

Werden vier Rutenbündel im Quadrat eingepflanzt und deren Spitzen flächig miteinander verbunden, so erhalten wir die geometrische Form des Kreuzrippengewölbes. Mit Steinen nachgeformt bildet diese organisch vermittelte Form das entscheidende Novum der gotischen Bauweise.

Dieser konstruktive Luftsprung von der romanischen Vierungskuppel, dem Tonnengewölbe und dem flach gedeckten Basilikadach zur Kreuzrippenkuppel und weiter zum Rippenkontinuum bildete das entscheidende Novum dieser steingewordenen Naturbauweise. Endlich wurde es möglich, mit Stein mittels der tragenden Rippen auch die Decke organisch zu schliessen, den Eindruck eines Blätterdachs zu schaffen und auf den typischen, romanischen Deckel zu verzichten. Diese neue gotische Bauweise der Kreuzrippengewölbe wurde zum erstenmal im Dom von Durham (um 1100) erprobt. Wohl nicht ganz zufällig, wuchsen doch hier auf der Insel zuvor die Weidenkirchen.

Palmenhain

Seitenschiff von Bourges

Herleitung des Kreuzrippengewölbes

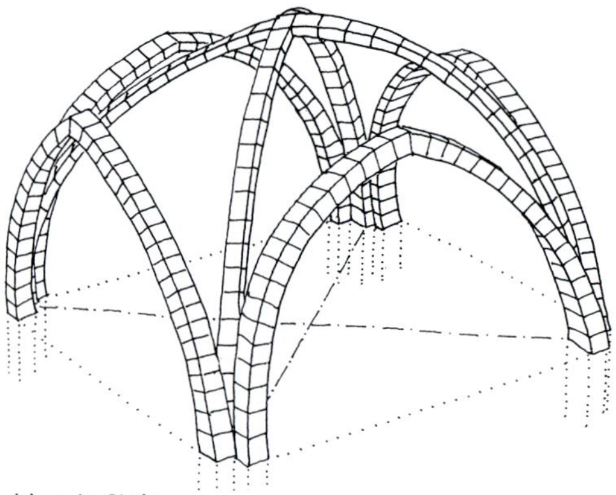

Nachbau in Stein

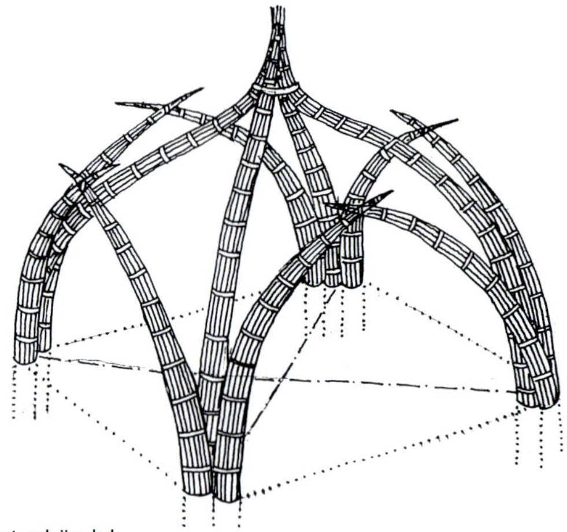

Rutenbündel

Aber auch alle sekundären Gestaltungselemente wie die blattverzierten Kapitelle, die Krabben und die mit Kriechblumen besetzten Wimperge, die vegetabilen Maßwerke, Rankwerke, Fensterrosen und Rosetten sind Nachahmungen gewachsener Strukturen, steingewordenes Gezweig, Astwerk, Blätter und Blüten.

In der gotischen Kathedrale ziehen sich die Bewegungslinien und Konstruktionsformen entsprechend dem natürlichen Wachstum dynamisch nach oben, gar noch weiter und höher, als dies den Bäumen möglich wäre. So entsteht der Eindruck von pflanzlichem Steinwerk oder von versteinerten Bäumen.

Das typische Waldlicht mit den vielen im Ast- und Blattwerk sich brechenden Strahlen wird ebenfalls in die steingewordene Kathedrale hinübergerettet. Durch die aufgebrochenen Wände und die filigranen Rankwerke und Rosetten wird das Licht wie im Wald in viele einzelne Strahlen zergliedert und erhellt jede Stelle und Nische im Innern der Kathedrale. Die Anlehnung an die Lichtverhältnisse im Wald wird durch die künstliche Farbgebung der Glasfenster noch überzeichnet. Die Licht- und Strahlenfülle im Kathedraleninnern erinnert aber nicht nur an Lichterlebnisse im Wald, sondern noch direkter an den Lichtzauber der Weidenkirchen.

Auch in Stein gemeißelt, sollte der Charakter des lebendigen Gotteshauses erhalten bleiben. Die Kathedrale als Himmelsraum einer »achitectura coelestis« sollte wie von Gott erbaut erscheinen. Zu Ehren des Schöpfers der Natur muss auch die Baukunst ein Ausdruck göttlicher Naturarchitektur sein.

Wie bei den Weidenkirchen der irischen Mönche gab es auch zur Zeit der frühen gotischen Kathedralen noch keine Berufsarchitekten. Gott wurde als oberster Baumeister und kunstreicher Architekt (*elegans architectus*) verehrt. Die Rolle der späteren Architekten nahmen orienterfahrene, klerikal und alchimistisch geschulte, experimentierfreudige Individuen vorweg, die die göttlichen Gesetze der Arithmetik und der Geometrie in Größen- und Zahlenverhältnisse umzusetzen verstanden. Die musikalischen Intervalle wurden für den Kathedralenbau maßgebend; auch Abt Suger, der Kathedralenbaumeister von St-Denis, war davon überzeugt, dass der göttliche Baumeister das Weltgebäude nach den Gesetzen der musikalischen Konsonanz errichtet hatte. Intervalle wurden zu Proportionen, der Raum zu gefrorener Musik. Es war diese musikalische Arithmetik, die den ersten gotischen Baumeistern zur Bemessung und Proportionierung diente.

Die zweite Weidenkirche von J. Hall als praktischer Nachweis seiner Theorie zur Gotik (1800)

Erste Weidenkirche von J. Hall (1786)

Der Respekt vor der göttlichen Schöpfung zeigte sich im Umgang mit der Umwelt. Von diesem Naturverständnis zeugt ein Schreiben von Abt Suger, der zum Bau von St-Denis ein Programm für die planvolle und nützliche Erhaltung der klösterlichen Forstbestände ausarbeitete.
Diese neue Sensibilität, der Respekt und die Vergöttlichung der Natur fand ihre direkte und untrügliche Parallele in der Hochachtung und ritterlichen Wertschätzung der Frauen. In dieser Epoche vehementer Frauenverehrung wurden alle neuen gotischen Kathedralen auf der Ile de France der »Lieben Dame« geweiht. Naturbewunderung und Frauenverehrung bildeten die Grundlage des sozialen Lebens. Man darf sich die Frauen der damaligen Zeit, wo das Fleischliche und das Göttliche noch eins waren, als große Göttinen der ungeteilten Liebe vorstellen. Die klösterlich lebende Editha von Ursern berichtet, wie in dieser Zeit orgiastische Frauen und Nonnen, wie etwa Mechthild von Magdeburg, bewundert und verehrt wurden, die unbekümmert die Vereinigung mit Gott auch in der körperlichen Vereinigung suchten und fanden. Das Zusammenspiel von körperlichen Energien und göttlichen Vorstellungen kulminierte nicht selten in Entzückung und Ekstase und entsprach dem religiösen Empfinden der Zeit. Darum konnte Mechthild von Magdeburg ohne Umschweife schreiben: »Oh Herr, minne mich gewaltig und minne mich oft und lang, je öfter Du mich minnest, umso reiner werde ich; je gewaltiger Du mich minnest, umso schöner werde ich; je länger Du mich minnest, desto heiliger werde ich auf Erden.«
Die Wertschätzung der Frau, der Mutter, »Notre Dame« und mit ihr einhergehend die Bewunderung der göttlichen Schöpfung, der »materia«, der lebenden Natur und ihrer Kräfte, spielten eine wichtige Rolle im Zeitgeist zu Beginn des gotischen Kathedralenbaus. Wie in der Natur kommen auch im gotischen Kathedralenbau Entzückung und Ekstase in der Form des Geheimnisvollen, Großartigen und Überwältigenden zum Ausdruck – naturidentisch auch die Einheit von Form und Konstruktion, Musik und Architektur. Die Synthese von Einheitlichem und Ganzheitlichem, die wir sonst nur in natürlichen Schöpfungen finden, bildet die Gestaltungsgrundlage der frühen gotischen Kathedralen, dieser räumlichen Symphonien, »poésies d'extases«.
Indem wir die ersten gotischen Kathedralen als steingewordene Nachahmungen der vorangegangenen grünen Kathedralen aufzeigen, wollen wir das Interesse an den Geheimnissen der gotischen Kathedralen und ihrer Vorgeschichte stärken – auf dem Weg zum Verständnis von Natürlichkeit, Sinnlichkeit, Vollkommenheit und Schönheit.
Vielleicht birgt eine der ältesten gotischen Kathedralen den Schlüssel zum Verständnis: Die Kathedrale von Sens (1130), die mit ihrem Ortsnamen noch heute die Begriffe Sinn, Sinnlichkeit und Vernunft miteinander verbindet.

(Quellen: Wilfred Thesiger: The marsh Arabs, London 1964; Marcel Kalberer: Rock 'n' Roll der Architektur, Löhrbach 1990; Otto von Simson: Die gotische Kathedrale, Darmstadt 1972; Editha von Ursern: Mystik und Sexus, Sils-Maria 1944; Otto Borst: Alltagsleben im Mittelalter, Frankfurt 1983; John Blair: The Cathedrals of England, London 1964; Harald Busch: Baukunst der Gotik in Europa, Frankfurt 1981; Lorna Price: The plan of St. Gall, Berkeley 1983; Josef Grünenfelder: Kathedralen, Zürich 1973; Werner Schäfke: Frankreichs gotische Kathedralen, Köln 1979. Zur Gotiktheorie James Halls: Rainer Graefe: Zur Geschichte des Konstruierens, Stuttgart 1989.)

Cattedrale vegetale in Val di Sella, Malga Costa. Gleichzeitig mit dem Bau des Weidendoms in Rostock pflanzte der Künstler Giuliano Mauri eine ebenso große wachsende dreischiffige Basilik. Zwar nicht aus Weidenruten, sondern aus 1300 Walnusssstecklingen, die an Rundholzstangen hochgezogen unter ständiger planmässiger Form(vor)gebung und Anleitung zu zwölf Meter hohen pflanzlichen Kreuzrippen heranwachsen sollen. Diese Bauweise ist ähnlich der im Buch aufgezeigten Naturbautechnik der irischen Mönche aus dem ersten Jahrtausend n. Chr. Sie ließen die wachsenden Ruten an fest eingeschlagenen Pfählen und Pfeilern (Eschenstangen) hochwachsen. Diese grüne Kathedrale wird in zwanzig Jahren erwachsen sein.

Der Aum-Baum

Wolfgang Zaumseil ■ Bäume wachsen von oben nach unten. Lassen Sie sich ein auf diese Erkenntnis, die mit Sicherheit erschüttert, jeder Baum jedoch, den Sie von nun an betrachten, wird Ihnen dies bestätigen. Alles Wachstum geschieht von oben nach unten. Auch die ersten »Kathedralen« entstanden von oben nach unten. Sie entstanden aus lebenden Bäumen.

Doch zurück zu den allerersten Anfängen: Licht fällt herab aus dem Blau des Himmels und vermählt sich mit dem Goldgelb der Erde. Im Spannungsfeld dieser beiden Energien, man kann sie mit Geist und Materie bezeichnen, bilden sich nun Schwebeteilchen mineralähnlicher Strukturen, wir nennen sie hier »Chrysoprasen«. Anders gesagt, das Blau des Himmels trifft auf das Goldgelb der Erde, und die Atmosphäre beginnt golden-grün zu glühen. Nüchterner gesagt, Licht schweißt die Schwebechrysoprasen zusammen.

Aus diesem Gold-Grün-Glühn erwuchs ein schwebendes Blätterdach, Ursprung jeder weiteren Verdichtung von Energie zu Materie, Heimat aller Lebewesen. Dieses Gold-Grün-Glühn war der selige Zustand der Welt, den wir als Paradies kennen. Wir vermuten, dass mit der weiteren Entwicklung der Bäume der Auszug des Menschen aus diesem Paradies geschah: Dem Menschen wurde die von ihm selbst geschaffene beziehungsweise die von ihm verursachte Chlorofülle zu viel. Die Leichtigkeit der Chrysoprasenphase wich üppiger Schwere von Schaffensmüdigkeit – der Mensch war erschöpft. Auch wog die Chlorofülle erheblich und trug zur Beschleunigung der weiteren Verfestigungen wesentlich bei.

Die bald darauf gärende Chlorofülle erzeugte Wirbel, die starke Ströme von Licht und Materie mit nach unten zogen; diese wiederum verdichteten sich bald zu ächzendem Geäst und manifestierten sich später im schmalen Trichterschlund der ersten Andeutung dessen, was wir heute Stamm nennen.

Der Mensch folgte diesem Strom. Wir wollen nicht weiter spekulieren, warum der Mensch herabgestiegen ist. Auch wissen wir nicht, warum er schließlich unten geblieben ist, zudem auf dem Kopf stehend beziehungsweise gehend. Es scheint aber nicht seine Bestimmung zu sein, unter den Bäumen zu leben, auf dem Erdboden, sonst hätte er es sich bequemer eingerichtet und friedlicher darüber hinaus.

Weise Menschen haben zu allen Zeiten von diesen Umständen gewusst oder sie zumindest geahnt. Doch erst im Mittelalter fassten fromme Frauen und mutige Männer, Mönchinnen und Mönche, kühn den Entschluss, die steingewordenen Träume der Menschen, die Dörfer, Städte und Metropolen zu verlassen, um in der Abgeschiedenheit der Urwälder einen Weg zu suchen, Schulung zu finden, den Schlüssel zurück zum Tor des Paradieses. Sie wussten von der Existenz des himmlischen Chrysoprah, der apokalyptische Seher nannte es einst das himmlische Jerusalem, das sich vom Himmel herabsenken werde …

In heiliger Meditation eins werdend mit den inneren Bildern, die dabei in ihnen aufstiegen, versunken im Aum, diesem alten Mantra, schufen sie Kontakt zum Gold-Grün-Glühn und riefen so den oben beschriebenen Schöpfungsvorgang der Bäume wieder hervor. Eins werdend mit den Gesetzen des Kosmos wuchs nun ein sich selbst ordnendes Raumgebilde nach oben. Aus ihrer Versunkenheit erwachend fanden sie sich oben im kunstvoll verzweigten Geäst und Blattwerk wieder und hatten den Boden der menschlichen Plagen unter sich gelassen. Es war also keineswegs Zweck dieser »Grünen Hallen«, sich auf dem Boden weit unterhalb des Daches ängstlich zu versammeln und den verborgenen Gott jenseits anzubeten, nein, weit oben im Flechtwerk der lichten Blätterkronen, dem neuen, himmlische Chrysoprah, dort gab man sich der Lust der neu gefundenen Wahrheit hin.

Dass sie dabei das Urbild der gotischen Kathedralen entwarfen, wussten sie nicht, das geschah beiläufig. Späher der weltlichen und geistlichen Führer brachten diese Raumvisionen zu uns. Diese Späher, die wir heute Architekten nennen, sahen die mächtigen Säulenhallen mit den nach oben strebenden, verschlungenen Rippengewölben der Blätterdächer, den farbigen Widerschein der leuchtenden Wirklichkeit des transformierten Lebens im schimmernden Gold-Grün-Glühn weit oben, das Leben selbst sahen sie nicht.

So ist es von besonderer Tragik, dass die dort gesehenen Visionen steinerne Umsetzungen erfuhren – sie reiften zu den großartigsten Bauwerken unserer neueren Zeit heran –, die den armen, erpressten Menschen das neue himmlische Jerusalem zeigen sollten und doch nichts anderes sind als schwer wiegende Zeichen eines neuerlichen Irrtums: Weiterhin auf dem Boden leben zu müssen, auf dem Kopf stehend beziehungsweise gehend …

Während sich nun unsere Pioniere in ihrer neuen Landschaft dem Vergnügen des Einsseins hingaben, geschah das, was wir Arbomorphose nennen wollen: Sie wurden selbst zu Bäumen.

Was lange weilt, wird früher oder später ein Baum …

Spätere Generationen der so erleuchteten Menschen werden wissen, dass sie in den Baumkronen ihrer Vorfahren leben, diese Baumkronen, die gewachsen aus den Körpern, Gliedern und Köpfen ihrer Väter und Mütter zu blühenden Landschaften werden voller Wohlklang, Gutduft und Liebeslust. Und immer höher und näher wächst der Mensch dem ewigen Gold-Grün-Glühn seiner ursprünglichen Heimat entgegen.

Jetzt erst wachsen die Bäume von unten nach oben.

Neugrüne Zeiten
von 2000 bis 2150 n. Chr.

Willowville 2020

Willow…

...ville 2050

Grüne Stadt mit Sonnenkirchen

Walfried Pohl ■ »Solange wir Menschen sind, haben wir das Vorherrschen der Kreisform beobachtet und den innigen Zusammenhang zwischen allem Runden und unserem biologischen Leben wahrgenommen. Der Kreis erhellt und umgrenzt. Wir können Ihm nicht entrinnen. Wir können nicht genug davon bekommen.« (Natalie Angier: Frau – eine intime Geographie des weiblichen Körpers, München 2002.)

Was hat uns nur dazu gebracht, so lange in eckigen Räumen zu leben, wo doch die Welt so rund ist? Jetzt, wo wir des rechten Winkels endgültig überdrüssig sind, wo das Wort »Rechtwinkler« zum Schimpfwort geworden ist, stehen wir vor der Frage, wie wir die vielen Ecken so schnell wie möglich los werden. Wir könnten – mit Hilfe des Computers kein Problem mehr – rund bauen bis zum Drehwurm: Kugelhaus, Blob oder geodätische Kuppel nach Ledoux, Peter Cook oder Buckminster Fuller. Aber wir haben es dafür viel zu eilig. Da wussten die Erben von Rudolf Doernach, Marcel Kalberer, Konstantin Kirsch einen Ausweg: Häuser werden nicht mehr aus Beton, Stahl, Holz errichtet, Häuser werden gepflanzt. Häuser, die nachwachsen – sie lassen sich schnell errichten, der Aufwand hält sich in Grenzen, und die Biegsamkeit der Pflanzen lechzt nach Rundung: Die Grundrisse werden kreisförmiger, ovaler, kurviger als je zuvor, Bogenkonstruktionen werden so kühn gebogen wie nie, Kuppeln, Zelte, Höhlen und Hallen, die dritte Hülle des Menschen nach Haut und Kleid kehrt zu ihrer angestammten Form zurück.

Dazu kommt: Gepflanzte Häuser stoßen sich nicht an den Ecken der verbliebenen massiven Kisten und Kaffemühlen. Gepflanzte Häuser passen und fügen sich problemlos in die massive Stadt, sie können die Wohnhäuser nach und nach ersetzen, ohne sich als Störfaktoren profilieren zu müssen. Haus und Garten durchdringen sich und binden sich ein in das innerstädtische Grün. Wo aber die Häuser über das pflanzbare Maß hinausreichen, erhalten sie einen grünen Pelz und eine grüne Krone.

Wie wir nun leben? Manche Bewohner der Grünen Stadt nutzen die grüne Hülle nur als Schirm und lassen alle anderen Schutzfunktionen die Kleidung übernehmen, andere hängen Zelte ein, dritte wiederum spannen zwischen die grünen Rutenbündel, Gittergerüste oder Baumkreise,

Unter dem Titel »Architektur im Jahre 2010« entstand dieses Projekt eines Buchendoms für den Nationalpark Eifel von Konrad Chmielewski und Jaček Marzan, Warschau, 1986

dünnwandige, kugelige Räume, die optimale Geborgenheit bieten. Sie entlasten zudem das Versorgungssystem der Stadt. Wind und Sonne decken den Energiebedarf, Wasser zirkuliert im Kreislauf, es gibt Trockentoiletten, die pflanzliche Hülle sorgt für gutes Klima und kann zudem noch Nahrung spenden.
Unsere Grüne Stadt kulminiert in den aufragenden Sonnenkirchen und Heckenkathedralen. Hier finden wir zudem das Gefühl, von jeder Zu- oder Ableitung einer klobigen Haustechnik unabhängig zu sein. Denn der grüne Dom verfügt nur über spirituelle Leitungen. Er erzeugt sein eigenes Wasser, seine eigene Energie, sein eigenes Licht, seine eigene Wärme und Akustik. Er produziert Früchte und sogar seinen eigenen Messwein – eine ebenso spirituelle wie reale »feste Burg«, eine nicht immer, aber immer wieder grünende Zuflucht.

Buchendom von innen

Die wachsende Jahrhunderthalle von Breslau

Konrad Chmielewski und Jaček Marzan

Die noch heute bestehende so genannte Jahrhunderthalle von Breslau wurde in den Jahren 1912/1913 von Max Berg erbaut. Die Stahlbetonrippen bilden eine 70 Meter große Kuppel.
Das Architektenteam Chmielewski/Marzan transformierte dieses legendäre Bauwerk in ein imaginäres Baumwerk. Eine raumgreifende Fantasie, die dem Zerfall der Konstruktion aus Stahl und Zement das Wachstum und die Weiterentwicklung der organischen Struktur entgegensetzt.

Jahrhunderthalle von Max Berg, 1913

Lebendbau-Variante zur hundertjährigen Stahlbetonhalle in Breslau

Weidenwald

Der Weidenwunderwald vor

Jan Deicke ■ Dresden – Kulturstadt zwischen Hightech und Barock, Silikon und Semper – wird zur Öko-City weiterentwickelt. Es soll ein Öko-Hightech-Zentrum entstehen, die Urzelle des Weiden-Barock 'n' Roll. Eine hochmoderne Weidenkulturzelle, ganzheitlich, nachhaltig, selbstversorgend und damit unabhängig von jeder Infrastruktur.

Sind wir erst einmal in den von außen völlig unauffälligen WeidenWunderWald eingetreten, eröffnen sich im Innern wohlstrukturierte Räume, in denen Cafés und Gaststätten erwachsen, Arkadengänge und Kuppeln mit Kräuterapotheke und Teestube, Hamam und Massagesalon, Meditations- und Gebetsräumen. Weidenumsäumte Lichtungen für Sport und Spiel, für Bewegung und Erholung. Grüne Klassenzimmer, Werkstätten, Ateliers, Seminar- und Konferenzräume sind von außen kaum zu erkennen und noch schwerer vom naturbelassenen Weidenwald zu unterscheiden. Ein Wunderwald voller Überraschungen und nutzbarer Räume.

Die hundert Weidenarten Sachsens mit ihren gelben, roten und violetten Trieben wachsen in der Weidenarena um die Wette für einen Platz an der Sonne. Märchenhaft und dennoch ganz in echt erträumt. Und darum darf auch ein russischer Märchenpalast nicht fehlen, mit allem, was zu seiner Pracht dazugehört, wie mosaikverkleideten und goldverzierten Zwiebelkuppeln als Kuschelräume hoch oben im siebten Himmel und einem versteckten Weidenschloss für Märchen und Theater, Musik, Tanz und Ausstellungen.

1 Stadtkultur
2 Erholung
3 Openair-Veranstaltungen
4 Bildung
5 Sport
6 Energie
7 Wasser
8 Hygiene

Kulturzelle

Energieautarke und nachhaltige Kulturzelle

Dresden

Inmitten der großen Lichtung auf dem Festivalplatz bilden die Paneele des Zweihundert-Kilowatt-Solarkraftwerks ein schützendes Dach für die Bühne und für Versammlungen. Zwölf Volt genügen, um die verschlungenen Wege und Brücken im Weidenwald und alle Einrichtungen zu beleuchten und die Festivals zu beschallen. Komposttoiletten verarbeiten Tag und Nacht ihren Input. Aus dem Wasserhochtank wird sorgsam die Zellessenz gezapft wie nebenan an der Weidenbar das Köstritzer Bier und der Wein aus Saale-Unstrut. Geschlossene Kreisläufe von Wasser und Energie, selbstgenerierend wie eine protoplasmatische Zelle – eine natürliche Kulturzelle und eine kulturelle Naturzelle.

Ein soziales und kommunikatives, ökologisches und letztlich auch ökonomisches Projekt. Dresden wird damit zur neuen Avantgarde des speziell in Ostdeutschland erfolgreich sprießenden Weidenbaus. Nachdem 1998 in Auerstedt/Weimar der weltweit erste Veranstaltungspalast aus Weiden gepflanzt wurde, seit 2000 in Deutzen/Leipzig der Kulturpark mit einer Weidenfesthalle aufwartet und seit 2001 in Rostock mit dem Weidendom zur IGA 2003 das bisher größte Weidenbauwerk der Welt aus dem Boden wächst, wird in Dresden mit dem WeidenWunderWald ein weiteres spektakuläres Kapitel der jungen Geschichte des Weidenbaus geschrieben.

Projekt: Sanfte Strukturen: Marcel Kalberer, Herdwangen, und Jan Deicke, Dresden, 2002

Arkadengang durch den Weidenwald

Un, deux, trois soleil in Genf

Palais vert de Genève, Parc Trembley. Projekt für einen Veranstaltungspalast, bestehend aus drei ineinander greifenden Kuppeln. Die kleinste Kuppel von sieben Meter Durchmesser dient als Empfangs- und Vorraum. Von hier gelangt der Besucher in die zehn Meter große Aufenthaltskuppel und weiter in stetiger Progression in die fünfzehn Meter messende Veranstaltungskuppel.

Ansicht von vorne

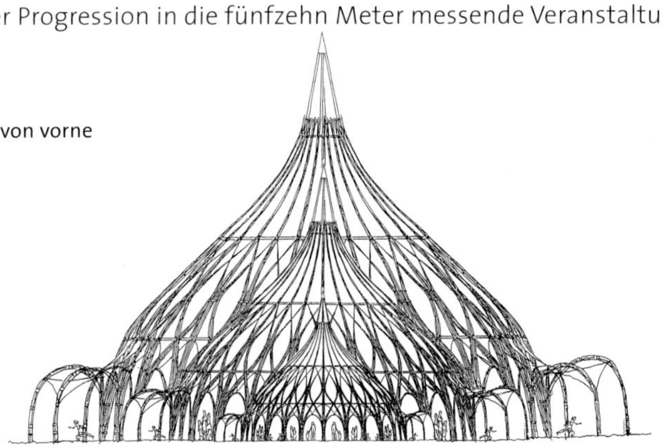

Ansicht von der Seite

Projekt: Marcel Kalberer in Zusammenarbeit mit Philippe Rohner und Jaky Roland

Mit Weiden in die Weiten

Eugen Lüdi, Bernadette Mercx ■ Weidenbauwerke sind – dies ist ihr eigentliches Handycap – ortsgebunden.

Doch wo wir nun sehen, wie sie auf die unterschiedlichsten architektonischen Formvorgaben mit prächtigem Wachstum reagieren, können wir uns vorstellen, dass die Weiden, auch diese Konvention vergessend, gerne mal auf Reisen gehen. Dafür ist das Willowship gedacht.

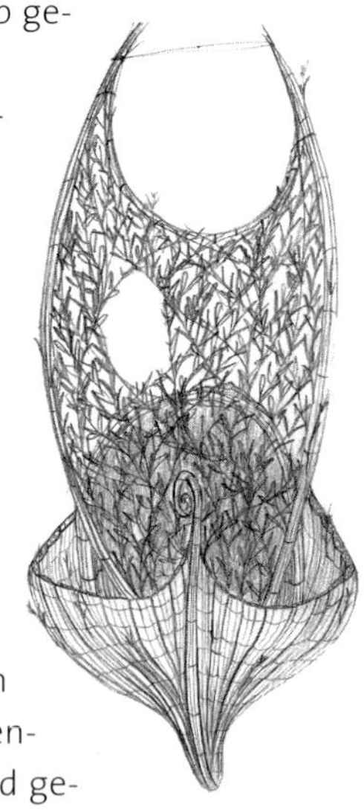

Als Rumpf dient eine klassische Jacht mit Langkiel. Diese bietet genügend Raum für die Wurzeln, Humus und Wasser. Bei der Hochseeversion werden die Bordwände zusätzlich erhöht, damit uns die See bei arger Krängung den Weidenwuchs nicht versalzt. Bei den Segeln setzen wir auf ein ethno-technologisches Fundstück Neuguineas: das Spreizsegel der Lakatoi. Dieses Segel erfordert keinen Mast und ist somit für unser Willowship die optimale Lösung. Wir lassen mehrere Weidentriebe auf der Querachse des Axialpunktes als Krummgaffeln bogenförmig nach oben wachsen. Die Weiden werden angesichts der neuen Aufgabe im Zusammenspiel mit den wechselnden Winden so ausladend und geschmeidig heranwachsen, dass sich das lebende Weidensegel elastisch nach dem Wind biegt. Bei Sturm refft sich das Blättersegel von selbst, indem es so viele Blätter fallen lässt, wie es der Wind fordert.

Nach heftigen Stürmen und in jahreszeitlich bedingten Wachstumspausen, wenn es an nachwachsenden Segelblättern mangelt und sich der windangriffsdichte Blätterpelz des lakatoischen Spreizsegels lichtet, greifen wir für den Vortrieb auf die Windmühlen zurück, deren Umdrehungen auf die Heckschrauben gelenkt werden.
Schon nach wenigen Weltumsegelungen werden die Weiden uns zu verstehen geben, ob sie gerne als Willowship weitersegeln oder sich doch lieber wieder an einem Ort niederlassen wollen.

Les feuilles et papillons de Liège

Luc Schuiten

Projekt für eine Platzgestaltung im Zentrum von Liège. Säulen aus Weidenruten bilden eine rhythmische Progression, eine fortschreitende Entwicklung von Öffnen und Schließen und Sich-Annähern. So entwickeln sich in einer Metamorphose aus den Säulen Blätter und aus den Blättern Schmetterlinge.

Projekt: Luc Schuiten in Zusammenarbeit mit Marcel Kalberer, 2002

Maison Dassonville

Luc Schuiten

Dieser architektonische Versuch verbindet einen lebenden Baum in seinem Wachstum und in seiner organischen Form mit einer an ihm hochsteigenden Wendeltreppe und einer einfachen Hüllenkonstruktion.

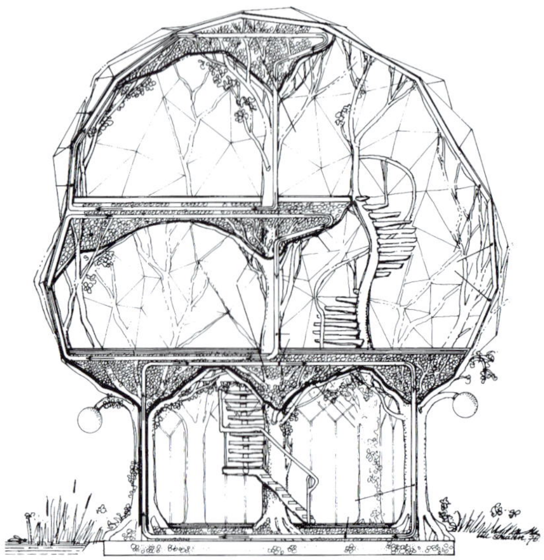

Wohnhaus für Baumfreunde

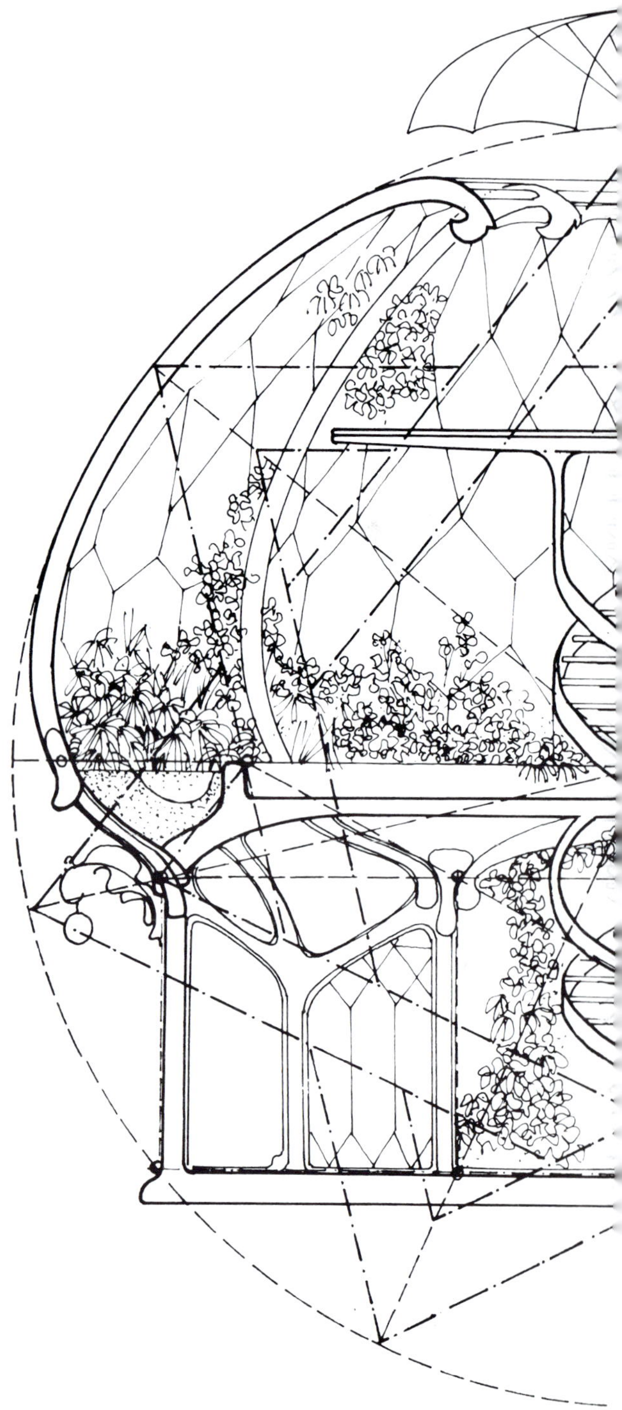

Allee der Wohnbäume

Luc Schuiten

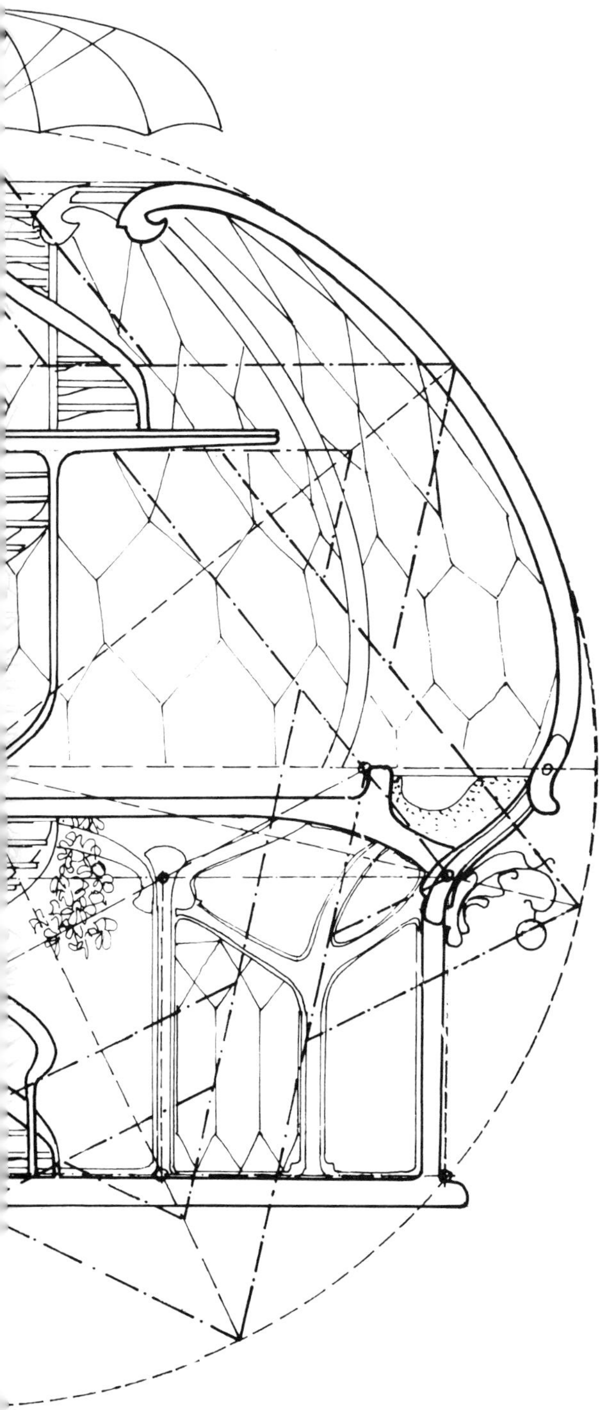

Bruxelle

Luc Schuiten

La cité archiborescente de 2100

Luc Schuiten

Die Konstruktionstechnik dieser Küstenstadt (siehe Seite 110/111) basiert auf lebenden pflanzlichen Strukturen, die genetisch programmiert und geleitet werden und so die gewünschte Form entwickeln. In diese Strukturen sind geschmeidige, transparente und transluszente Biotextilien gespannt.

Die Fortbewegung in der Stadt wird auf zwei verschiedene Weisen gewährleistet: Für weite Distanzen werden die »chenillards« benutzt, eine Art Synthese zwischen privatem Kraftfahrzeug und öffentlichem Verkehrsmittel: Gänzlich automatisiert werden die Fahrgäste oder die Fracht an den mittels der Benutzerkarte einprogrammierten Zielort navigiert. Danach fährt das Schönillar (wie es auf Deutsch genannt wird) allein an einen der vielen in der Stadt verteilten Sammelplätze zurück oder mit neuen Fahrgästen zu deren Zielen. Einmal in Fahrt, schließen sich die individuellen Vehikel auf den Hauptverkehrsachsen zu Konvois von bis zu dreißig Fahrzeugen zusammen. Das Steuerrad erlaubt dem Fahrer, aus dem Konvoi auszuscheren, um in eine Nebenstraße abzubiegen und von dort zu seinem persönlichen Ziel zu gelangen. Die Schönillars zirkulieren ausschließlich auf der Straßenebene.

Für kürzere Distanzen werden die Wege auf den Dächern genutzt. Viele Brücken und Passerellen erlauben die Überquerung der Verkehrsstraßen. Diese zum Teil auch hängenden Fußgänger- und Radwege sind von vielfältigen Pflanzen, Bäumen, Hecken, Büschen und Gräsern gesäumt. Bei jedem Häuserblock finden sich Aufzüge und Treppen, die zu den unteren Ebenen führen.

Die organisch aufgereihten Turmhäuser umfassen maximal vierzig Stockwerke. Auf jedem zehnten Stockwerk befinden sich Speicherräume für Düngemittel und Substrate, die zur Ernährung der vegetabilen Baumwerke benötigt werden.

2150

Zeichnungen zu »Brüssel 2150« von Luc Schuiten, 1999

Paraliptis

Sandra Arnts

Paraliptis von Sandra Arnts mit Mario Albrecht im Skulpturengarten Nettelstedt, 2002

Grande Finale della Weidenkathedrale

Micky Remann ■ **1** In seinem bahnbrechenden Buch »Glasarchitektur« (1914) wettert der literarische Architekturvisionär Paul Scheerbart gegen die Unsitte der zeitgenössischen »Backsteinkultur« und beschwört stattdessen eine allgemeine Weltverschönerung und Lebenserleichterung durch den Bau fantastischer, von Licht und Farbe durchfluteter Glasbauten. Nahtlos kommt Scheerbart dabei von der Vision aufs Detail, wenn er beispielweise ausführt: »Wir leben zumeist in geschlossenen Räumen. Diese bilden das Milieu, aus dem unsere Kultur heraus wächst. Wollen wir unsere Kultur auf ein höheres Niveau bringen, so sind wir wohl oder übel gezwungen, unsere Architektur umzuwandeln. Und dieses wird uns nur möglich sein, wenn wir den Räumen, in denen wir leben, das Geschlossene nehmen. Das aber können wir nur durch Einführung der Glasarchitektur, die das Sonnenlicht und das Licht des Mondes und der Sterne nicht nur durch ein paar Fenster in die Räume lässt – sondern gleich durch möglichst viele Wände, die ganz aus Glas sind – aus farbigen Gläsern.

Als konstruktive Stütze sind Gerippe aus Weidenruten natürlich unentbehrlich, da ein Eisengerippe in der Natur nur schwer gegen Rost zu schützen ist. Der Glasarchitekt darf wohl darauf bedacht sein, Besseres zu bieten als Rostlauben (sic!). Ein außerordentlicher Aufschwung der Weidenbaukunst wird in der Folge der Glasarchitektur dadurch herbeigeführt werden. Das beste Mittel, dem Roste zu begegnen, scheint mir in der Vermeidung des teuren und schwerfälligen Baustoffs Eisen zu liegen. Die von biegsamen Weiden umrankte Glasornamentik wirkt doch noch viel prächtiger und lebendiger! Alles Weitere können wir ruhig dem Fortschritt des Weidenbaus überlassen. Ist man dann bereit, den Glaspalästen größere Dimensionen einzuräumen, womit man sich ja ohne weiteres einverstanden erklären kann, so wird man auch hier das Weidengerippe wohl in Erwägung ziehen dürfen. Der Weidenbau ist auch künstlerisch umzubilden – entweder farbig zu machen oder durch Bündelung und Verflechtung ästhetisch wirkend auszugestalten. Wo zwischen grünem Blattwerk und transparentem Glasmaterial Kaleidoskopeffekte gewünscht werden, sind diese wohl berechtigt.«

2 Scheerbart, in der Literaturwissenschaft oft als bohemischer Fantast abgetan, hat mit der »Glasarchitektur« die jungen Architekten des frühen 20. Jahrhunderts, von Taut bis Gropius, nachhaltig inspiriert, um nicht zu sagen elektrisiert. Der nach Scheerbarts Visionen von Bruno Taut 1914 in Köln gebaute Glaspalast gehört zu den meistzitierten Leuchtfeuern der Architekturavantgarde. Den Außenring des ananasförmigen Glaspalasts zierten Scheerbartsprüche wie: »Ohne einen Glaspalast ist das Leben eine Last« und: »Das Licht will durch das ganze All und wird lebendig im Kristall.«

Dass Scheerbart auch schon Konstruktionen mit »Weidengerippen« plastisch ausmalt, kann nur überraschen, wer den Rest seines Werkes nicht kennt. Scheerbart antizipierte eine Synthese aus organischem (Weide) und anorganischem Baumaterial (Glas), aus Photosynthese und Photovoltaik, die im Lichte heutiger Möglichkeiten nichts an Aktualität eingebüßt hat. Formuliert man die Utopien des frühen 20. Jahrhunderts für das frühe 21. Jahrhundert um, bleibt die Frage nach einer Formensprache der biologischen und solaren Architektur, bei der Energieeffizienz und Ästhetik zwei Seiten einer Medaille sind.

Scheerbart, dem Künstler, fiel es leichter als anderen, den Kosmos als eine zur Schönheit und zur Vollkommenheit strebende Gemeinschaftsunterkunft für Erde, Mensch und Sterne zu begreifen und zu bebauen. Er hatte sich die Freiheit genommen, »den Raum der Kunst um die orbitale, kosmische, solare Dimension zu erweitern«, wie der Solararchitekt Jürgen Claus zutreffend bemerkt. Er fügt an, dass das Verständnis eines solaren Zeitalters kein künstlerischer Pfeifentraum ist, sondern »Grundbedingung für Leben in der Biosphäre, materiell und sozial« (Prof. Jürgen Claus: »Wir werden bis zur Sonne gehen«, in: Polis, 4/2001).

Eine biosolar durchdachte Architektur wird mehr und anderes hervorbringen als mit Solarpaneelen flächengedeckte Steinfassaden. Um die Eigenheit der solaren Architektur zu verdeutlichen, kam Jürgen Claus auf einen im Lichte des zuvor Gesagten nahe liegenden Gedanken: Er plante den Scheerbart-Tautschen Glaspalast von 1914 (»eine Ikone der Glasarchitektur«) so um, dass dessen Glasflächen durch farbige Solarmodule ersetzt wurden. Ein Plädoyer für die Chance, uns mit der gebauten Welt wieder in den natürlichen, kosmischen Energiekreislauf einzureihen, statt ihn zu ignorieren. Solares Bauen und Wirtschaften bedeutet, so Jürgen Claus, »mit Material zu planen, das sich erneuert, das dauerhafter als das synthetische ist« und somit Buckminster Fullers Maxime des »maximalen Vorteils bei minimaler Energieanwendung« beherzigt: Das Schöne daran – im wahrsten Sinne des Wortes – ist, dass Schönheit das natürliche Ergebnis eines den Energieströmen der Natur folgenden Gestaltens ist. Ästhetik muss nicht aufwendig gewollt oder den widerspenstigen Materialien abgetrotzt werden; sie entsteht, wo die Form der Energie folgt.

Warum die Geschichte des farbig schimmernden Glaspalasts, energieautark geworden dank photovoltaischer Solarmodule, in einem Buch über Weidenkathedralen auftaucht, hat einen einfachen Grund: Erst mit einem lebend geflochtenen »Weidengerippe« wird das visionäre Potenzial des Glaspalasts von

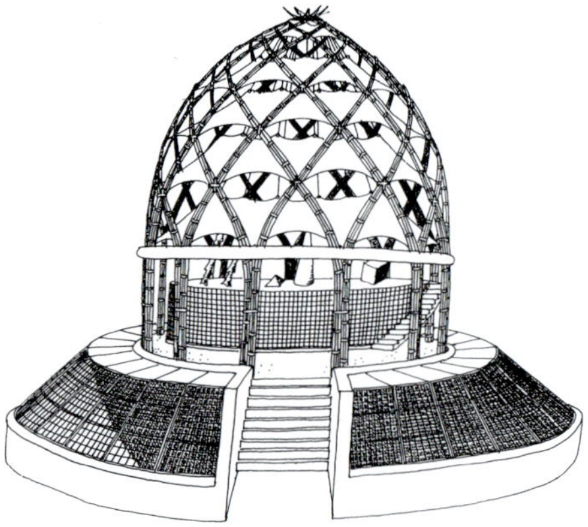

Pflanzung

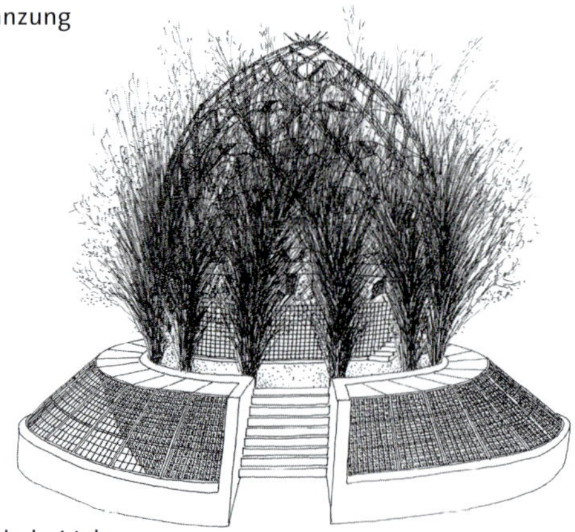

Nach drei Jahren

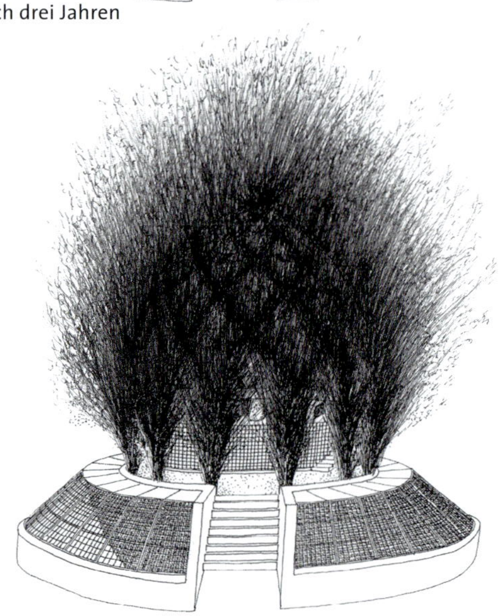

Nach sieben Jahren

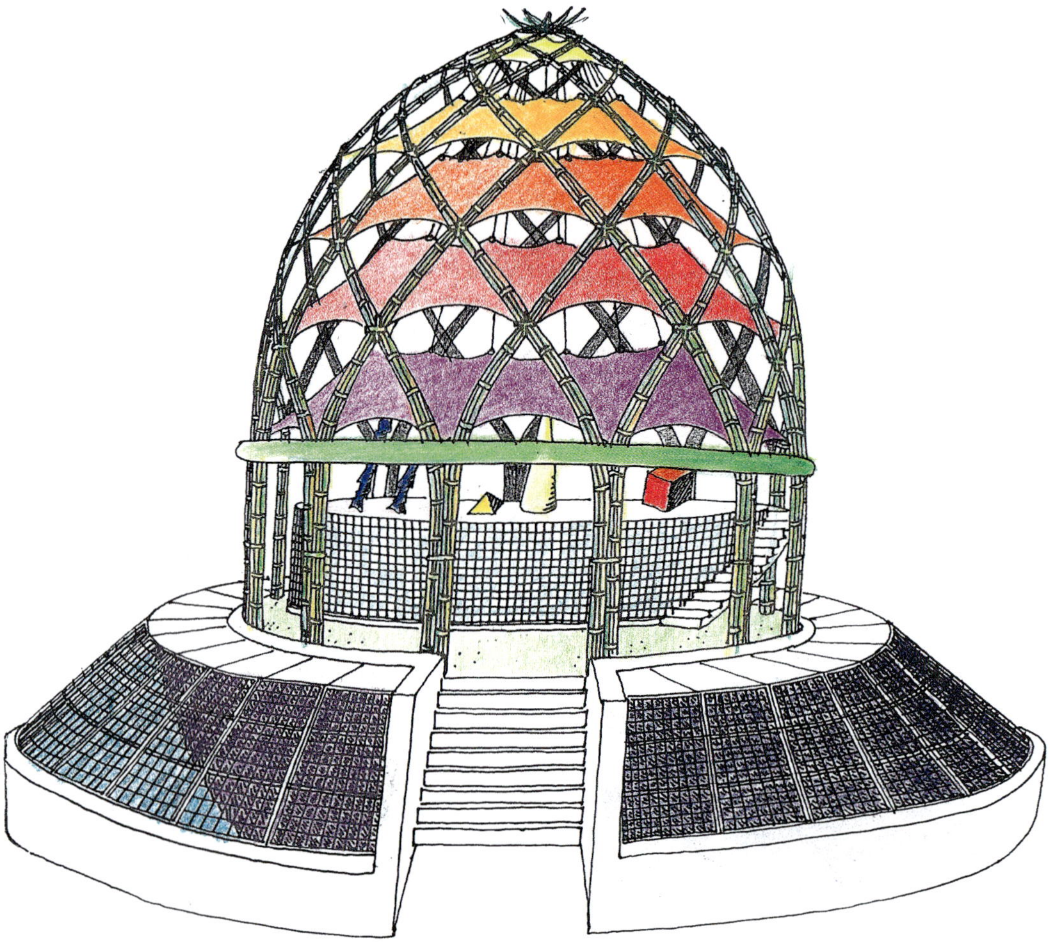

Weiden-Glas-Solar-Palast (Scheerbart/Taut 1914, Remann/Kalberer 2002)

Living Ananas, Stirlingshire 1861, unbekannter Architekt

Glaspalast mit Solarpaneelen von Jürgen Claus, 1998

1914 jetzt, im frühen 21. Jahrhundert, zur Vollendung gebracht. Der Weiden-Glas-Solar-Palast ist das Leuchtfeuer einer Architekturavantgarde, die in Photovoltaik und Photosynthese zwei Trümpfe ein und desselben Spiels auf dem Raumschiff Erde erkennt. Schließlich liefert die beste Gebrauchsanweisung für ein regeneratives Tun, Bauen und Leben, das unter der Sonne Bestand haben will, die Sonne selbst.

3 Wer die »Grünen Kathedralen« bis hier aufmerksam gelesen hat, den wird es nicht überraschen, wenn ich mir wünsche, dass Marcel Kalberer die Vermählung von Weidenbau und Solarbau exemplarisch so zu Papier bringt, wie er seinerzeit die Zukunft des Auerworldpalasts skizziert hat: schwungvoll und folgenreich (siehe das Vorwort zu diesem Buch). Auch lausige Propheten bekommen eine zweite Chance.
Entweder Marcel Kalberer folgt meiner unverfrorenen Aufforderung, dann muss er sich sputen, um die Prophe-Zeichnung noch in letzter Minute ins Buch zu bekommen. Oder aber er lässt es bleiben, und Sie, verehrte Leser und Leserinnen, üben sich in der Disziplin des Sich-Vorstellen-Könnens ohne jede Kalberersche Abbildungshilfe. Vielleicht führt das ja auch zum Prototypen einer Weiden-Glas-Solar-Palast-Kathedrale. Oder Sie inhalieren zum Ansporn eine weitere Dosis Scheerbartscher Glasarchitektur von 1914: »Ob es möglich sein wird, größere Kirchenbauten in reiner Glas- und Weidenarchitektur durchzusetzen, weiß ich nicht. Wohl aber weiß ich, dass die größere Billigkeit des Glas- und Weidenbaus diesem zum Erfolg verhelfen wird. Das Portal sollte meines Erachtens immer eine freie Halle aus mehrfachen Glaswänden und Weidenbögen sein, die so übereinander gekragt sind, wie bei einer köstlichen Orchidee. Es wäre nötig, hier zu betonen, dass die ganze Glas- und Weidenarchitektur von den gotischen Domen ausgeht. Der gotische Dom ist ihr Präludium. Wir wollen auch am Alten hängen – die Pyramiden im alten Ägypten sollen ganz bestimmt nicht abgeschafft werden. Aber auch das Neue wollen wir erstreben – mit allen Kräften, die uns zu Gebote stehen – mögen diese immer größer werden! Schluss!«

4 In seiner Garage bastelt Adam gern mit Drähten und Halbleitern und konstruiert Computer, weltweit vernetzt, die er »Apple« nennt. Eva, sich sonnend und einen Apfel kauend, kommt derweil zu der Erkenntnis, dass die Gesamtheit aller Äpfelbäume einen weltweiten, mit Bio-Betriebssystem ausgestatteten Naturcomputer darstellt. Aus Freude über solche und andere Entdeckungen lieben sich Adam und Eva um so heftiger.
Als sie wieder aufwachen, blättern sie in dem Buch »Grüne Kathedralen«, das natürlich in die Auslage jeder paradiesischen Leihbibliothek gehört. Adam ist beeindruckt von der innovativen Formensprache der abgebildeten Grünbau-

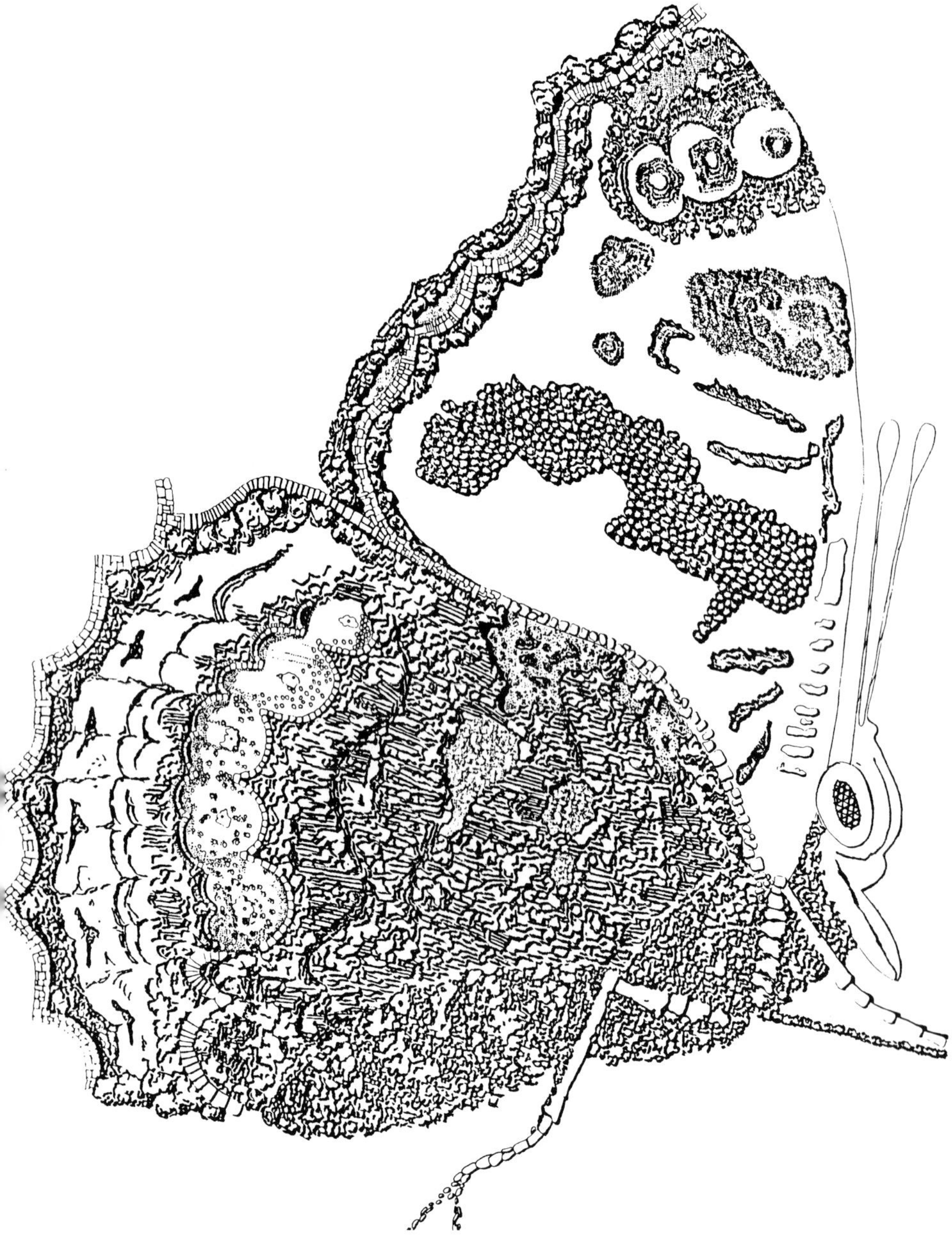

Gartenstadt von Wolfgang Zaumseil

ten und formuliert in seinem Kopf bereits Eingaben ans Bauamt zum Thema »Rückbau und Abriss ungenutzter Plattenbauten sowie Neupflanzung mit städtebaulich kompatiblen Weidenkonstruktionen in Kombination mit farbigen Solarmodulen zur Belebung urbaner Brachen bei gleichzeitiger Reduzierung des CO_2-Ausstoßes im Paradies.«
Eva äußert die Überzeugung, dass die Gesamtheit aller Weidenbäume und -bauten Teil eines planetar vernetzten Hyper-Bio-Intelligenzsystems sei, das den Plan verfolgt, eine Kathedralisierung des Paradieses bei gleichzeitiger Paradiesierung der Kathedralen zu initiieren, und zwar auf biologischer Grundlage.
»Wie kommst du denn darauf?«, fragt Adam.
»Das ist doch klar«, entgegenet Eva, »wir müssen uns das Leben, Denken und Fühlen der Weiden so vorstellen, dass sie untereinander kommunizieren; sie haben unglaublich feine Wahrnehmungsorgane, die mit unseren nicht vergleichbar sind, und in ihren unterirdisch global verschlungenen Wurzeln, dem world wide willow web, da denken sie sich etwas aus, wie zum Beispiel, dass sie liebend gerne einmal zu grünen Kathedralen geformt werden möchten!«

5 Nachdem sie sich sämtliche Aspekte gründlich durch den Kopf haben gehen lassen, halten es Adam und Eva für das Klügste, ein Exposé an die Entscheidungsträger der Bundesgartenschau 2007 in Gera und Ronneburg zu schicken.

6 »Sehr geehrte Damen und Herren Entscheidungsträger der Bundesgartenschau 2007 in Gera und Ronneburg, wie Sie wissen, berichtet Herodot, dass am Bau der Cheopspyramide hunderttausend Arbeiter fünfzig Jahre lang beschäftigt waren. Auch wenn die neuere Forschung davon ausgeht, es seien vielleicht eher dreißigtausend gewesen, die damals Stein auf Stein, Quader auf Quader gesetzt haben, lässt sich doch festhalten, dass sich der damalige Einsatz unter dem Aspekt einer nachhaltigen Tourismusentwicklung Ägyptens mehrfach gelohnt hat. Meinen Sie nicht auch, dass es bei der derzeitigen Arbeitsmarktsituation ein Leichtes sein wird, dreißigtausend oder auch hunderttausend Arbeitskräfte zu finden, die sogar unversklavt bereit wären, daran mitzuwirken, dass Gera und Ronneburg künftig in einem Atemzug mit Kairo und Gizeh genannt werden wird?
Die Bundesgartenschau 2007, über deren Gestaltung und thematische Prioritäten Sie entscheiden, findet bekanntlich auf dem Gelände des ehemaligen Uranbergbaus der deutsch-sowjetischen Wismut AG statt. Die gigantische Haldenlandschaft, so desolat und großflächig aufgewühlt sie auf den ersten Blick wirken mag, ist wie geschaffen für eine Rekultivierung durch Weidenanpflanzungen. Wenn man diese nicht von vorneherein in pyramidalen Dimen-

sionen anpackt, würde man dem Gelände, seiner Geschichte und dem Ausmaß der durch den Uranbergbau verursachten Wunde nicht gerecht.
Was genau soll nun dort unternommen werden?
Damit Sie sich das Ganze vorstellen können, bitten wir Sie um eine rabiate Maßnahme: Reißen Sie das Buch ›Grüne Kathedralen‹ Seite für Seite auseinander (bestellen Sie aber zuvor ein gebundenes Exemplar nach!) und legen Sie alle dort dargestellten Weidenbauten wie in einem großen Mosaik lose einzeln nebeneinander. Ja, gehen Sie ruhig auf den Teppich damit und gruppieren Sie die Weidenbaubilder zu einer Collage. Nun stellen Sie sich vor, diese aus ganz Europa, aus Nord und Süd, Ost und West gesammelten Weidenbauten würden an einem einzigen geografischen Ort wachsen und wurzeln und sich sukzessive verflechten und vernetzen zu einem gigantischen, architektonisch durchdachten, urban-organischen Weidenbiotop – nicht irgendwo und irgendwann, sondern in Gera und Ronneburg 2007! Stellen Sie sich vor, diese Weidenbauten würden weltweit so berühmt, dass Sie, verehrte Bundesgartenpharaone, als die Cheöpse, Tutench Ammonne und Nofreteten der Weidenbaukunst ewigen Ruhm einheimsen würden. Die Welt wird Sie loben und preisen, dass Sie das karge, kahle, monumentale Areal zur sich kontinuierlich ausdehnenden Bundesgarten-Eden-Schau gemacht haben, zur Keimzelle einer systematisch um sich greifenden Grünsucht, die mit labyrinthischer Intelligenz aus der toten Halde eine lebende Weidenbau-Megalopolis-Themenpark-Landstadt modelliert. Sind Sie mit dem Namen ›Willowville‹ einverstanden? Können Sie sich vorstellen, dass Willowville dann nicht nur den Pyramiden Ägyptens, sondern auch noch Disneyland die Besucherströme abspenstig machen wird? Wir schon. Nach erfolgter Gründung von Willowville – und wirklich erst dann – werden wir mit Goethe fragen: ›Wo finden Sie auf einem so engen Fleck noch so viel Gutes …?‹«
»Hör mal, Eva«, sagt Adam, »ich bin nicht völlig überzeugt, dass Goethe hier ein schlagkräftiges Argument ist. Was hat er denn zu dem Thema beigetragen?«
»Na, gut, nehmen wir den Goethe eben wieder raus«, immer gut.
Abwechselnd diktieren Eva und Adam in ihren MiniDisc-Recorder:
»Sehr geehrte Damen und Herren von der Bundesgartenschau 2007, das Prinzip Weidenbau bietet den von Ihnen sehnsüchtig erstrebten Knaller und Knüller, die Unique Selling Proposition, ›the difference that makes the difference‹, den Unterschied, der den Unterschied macht zu allen anderen Bundesgartenschauen, weg vom Primel-Image, hin zu den wirklich zeitgenössischen Themen, und das zu Kosten, die sich sogar das zur Sparsamkeit verpflichtete Bundesland Thüringen leisten kann. Die Verbindung von Gartenbau und Architektur unter Verwendung heimischer Weiden ist ja an spektakulären Einzelobjekten bereits erfolgreich dargestellt worden, vom Auerworldpalast bis hin zur Weidenkathedrale. Aufbauend auf den Erfahrungen mit solchen Unikaten, besteht 2007 die Chance, das Prinzip nachwachsender Bauten großflächig, repräsentativ und mit der ganzen Formenvielfalt, die das Material Weide bietet, zu verwirklichen. Das Ergebnis wird monumental unübersehbar sein, aber nichts Protziges haben, im Gegenteil, Willowville ist im Detail so filigran wie ein Zweig mit im Wind raschelnden Blättern oder wie der Flaum am Bauch eines Wellensittichs. Charakteristisch ist die mit organischen Wachstumsschritten nachvollziehbare Anreicherung der gebauten Welt durch die gepflanzte Welt, ein Modell für die Entwicklung neuer urbaner Lebensformen.
Willowville wächst zunächst heran als ein fließender Übergang vom Stadtgebiet Gera zu den Grünbereichen der Bundesgartenschau. Das Aussehen der Grünkonstruktionen ändert sich mit jeder Jahreszeit, über die Ausgestaltung und Ausdehnung der ›Stadtteile‹ von Willowville kann mit jeder Vegetationsperiode neu entschieden werden. Vom Zeitpunkt der ersten Pflanzung an nehmen Besucher und Bewohner Geras aktiv Anteil an dem zugleich natürlichen und architektonischen Wachstumsprozess. Stadtentwicklung und Landschaftsgestaltung bekommen wieder lohnende, weil umsetzbare, weil nicht an mangelnden Finanzen scheiternde Themen, denn Weiden gibt es in Gera und Ronneburg wie Sand am Meer. Der Entstehung von Willowville endet nicht mit der Bundesgartenschau, sondern wird in den Folgejahren nachhaltig fortgesetzt und fortgepflanzt bis hin zu einer, wenn Sie wollen, Willowvillopolis, in deren Reich die Sonne nie untergeht. Mit konkurrenzlos bescheidenem Aufwand lässt sich ein Areal von der Größe dreier altthüringischer Kleinfürstentümer in ein natürliches Kunstwerk beziehungsweise ein kunstvolles Naturwerk umwandeln, das auch von kurzsichtigen Astronauten noch mit bloßem Auge aus dem Weltall erkennbar sein wird.
Mit den Ausführungsarbeiten kann bereits im nächsten Frühling nach Erhalt dieses Briefes begonnen werden. Alle Weidenbauaktionen von Marcel Kalberer und seinem Team waren Gemeinschaftswerke, deren sozial integrierender Charakter sich leicht vermitteln lässt und deren Bedeutung für den ersten und zweiten Arbeitsmarkt bei der angestrebten Dimension – Cheops oder größer – offenkundig ist.
Neben den gestalterischen Vorzügen besitzen die für den Weidenbau besonders geeigneten Kopfweiden nachweislich einen hohen ökologischen und landschaftspflegerischen Wert. Im Museum für Naturkunde Gera wurde dies in einer Ausstellung Anfang 1999 bereits sehr klug herausgestellt, wie Sie dort unschwer überprüfen können. Ein weiterer Anknüpfungspunkt ist die heilkundliche Bedeutung der Weide, die ebenfalls in Gera intensiv erforscht wurde. Bekanntermaßen ist der Wirkstoff des Aspirins ein Derivat der Weidenrinde, und wenn ich mir erlauben darf, aus der ›Bild am Sonntag‹ vom

27.10.2002 zu zitieren, so finden wir dort die Aussage von Professor Theo Dingermann, dem Leiter des Instituts für pharmazeutische Biologie an der Universität Frankfurt/Main und Präsidenten der Deutschen Pharmazeutischen Gesellschaft: ›Anders als synthetische Acetylsalicylsäure entsteht der Weidenrindenwirkstoff erst in Magen und Dünndarm. Das schont die Schleimhäute.‹«

»Adam, jetzt kommst du vom Thema ab«, wirft Eva an dieser Stelle ein. »Wieso«, fragt der zurück, »es stimmt doch alles, was ich gesagt habe, sogar Wort für Wort.« »Aber es kommt nicht deutlich genug heraus, wie es ist und was es bringt, 2007 leibhaftig durch Willowville oder meinetwegen auch durch Willowvillopolis zu flanieren.«

»Und wie ist es?«, fragt Adam zurück.

Der Besucher betritt eine Halle, die wie ein lebendes, laubendes Gebäude aussieht. Die Sonne durchdringt ein dichtes Netz von im Wind raschelnden Weidenblättern, doch die wachsen nicht an gewöhnlichen Bäumen, sondern an geformten Bögen, an Erkern und terrassierten, lichtdurchfluteten Gewölben, die den Unterschied zwischen »Haus« und »Garten« verschwinden lassen. Obwohl der Besucher dergleichen nie gesehen hat, wirkt der Ort auf Anhieb einladend. Schritt für Schritt erkundet er die wachsenden Stadtteile mit ihren grünenden Arkadengängen, Domen, Kuppeln und Pavillons, Bühnen, Labyrinthen und Wandelgängen. Eine Schautafel informiert, dass Willowville, die Weidenstadt, ohne jede Bodenversiegelung auskommt und genau so viel umbauten Raum aufweist wie die Cheopspyramide – grün umbauten Raum –, und zwar 2,3 Millionen Kubikmeter.

»Aha«, denkt der Besucher, »sehr aufschlussreich« und hat die Information hinter der nächsten Biegung schon wieder vergessen. Die große Weidenbühne gerät in sein Blickfeld, wo die Operndiva aus Brasilien gerade Soundcheck macht. Im Schatten döst die Sambagruppe.

Auf seinem Spaziergang erkennt der Besucher, dass die einzelnen Stadtteile von Willowville nicht nur durch eigene Pflanz- und Baustile gekennzeichnet sind, sondern dass sie offensichtlich auch Bewohner mit jeweils sehr unterschiedlichen Vorlieben angezogen haben. Gleich hinter dem Empfangspavillon, der an ein historisches Glashaus mit Weidengerippe erinnert, das der Besucher schon einmal irgendwo gesehen zu haben meint, ohne sich erinnern zu können wo, landet er bei den World Wide Willow Freaks. Ihre solarbetriebenen Hightech-Geräte haben sie mit Weidengerippen apart umrankt, Livebilder aus allen Welt- und Weidenteilen werden auf erfrischend plätschernde Wasserleinwände projiziert. Prunkstück dieser Abteilung ist eine »Digitale Sonnenuhr« genannte Installation, bei der 24 Webcams aus jeder der 24 Zeitzonen der Erde den dortigen Sonnenstand in Echtzeit übertragen. Jeder Zeitzone ist einer von 24 Monitoren zugeordnet, deren kreisförmige Anordnung unvermeidliche Stonehenge-Assoziationen hervorruft. Wer sich im Mittelpunkt des Kreises dreht, kann sehen, wo es auf der Welt gerade dunkel und wo es hell ist, wo der Himmel bewölkt ist und wo nicht, wo die Sonne hoch und wo sie niedrig steht, wo sie auf- beziehungsweise untergeht. Im Mittelpunkt des Kreises ist immer ein vollständiger Tag- und Nachtzyklus der ganzen halb in der Sonne, halb im Schatten rotierenden Erde zu sehen.

»Sie müssen unbedingt einmal nachts kommen«, spricht ein digitaler Sonnenuhrmacher den Besucher an. »Am allerschönsten ist es, wenn es in Gera stockfinster ist und Sie auf diesem Monitor hier die knallrote Morgensonne vor der Weidenpagode unserer japanischen Partner in Kyoto aufgehen sehen.«

Müßig weiterschlendernd, nachdem er sich in einem Bundesgartenlaubenrestaurant bei einer Thüringer Rostbratwurst und zwei Köstritzer Schwarzbier gestärkt hat, gelangt der Besucher in einen Winkel von Willowville, wo sich einige glutäugige Fundamentalisten niedergelassen haben. Sie tragen ausgelatschte Weidenstock-Sandalen und aus hauchdünnen Weidenruten geflochtene Weidenunterwäsche unter ihren robusten Weidenumhängen. Ihre Kopfbedeckung besteht aus fantasievollen Weidenkapuzen und Weidenhüten mit breiten Krempen, die angeblich genauso viel Regen wie Sonne durchlassen. Sie servieren ungezuckerten Weidenrindentee und verbieten ihren Kindern das Lutschen kandierter Weidenkätzchen.

Der Besucher nickt den Fundamentalisten freundlich zu und geht über Weidenbrücken und Weidenstege weiter, bis er sich im Gebiet des Willowville Science & Research Center wiederfindet. Eine charmante junge Institutsmitarbeiterin erläutert, sie habe sich in den Kopf gesetzt, die Gene der Glühwürmchen so auf die Blätter der Weiden zu übertragen, dass diese in der Nacht leuchten. Ihr Ziel sei es, dass die tagsüber wirkende Photosynthese bei den Pflanzen nachts durch die Glühwürmchensynthese ergänzt werde. Die wichtigsten Probleme der Umsetzung hätte sie auch schon erfolgreich gelöst, nun sei sie gerade dabei, die Weidenblätter nachts auch farbig leuchten zu lassen, weshalb sie sich sehr intensiv mit den molekularen Mikroprozessen bei der Pigmentformung von Pfauenfedern und Schmetterlingsflügeln auseinander setze. Spätestens in drei Monaten, meint die Forscherin, würde sich das tagsüber grüne Weidenblätterkleid nachts in psychedelisch funkelnde und blinkende Leuchtorchideen verwandeln, und das nicht nur bei ihren paar Testweiden, sondern in ganz Willowville.

»Sollen wir das Exposé wirklich abschicken an die Bundesgartenschau?«, fragt Eva ihren Adam.

»Na klar, auf jeden Fall«, antwortet der, »vor allem müssen wir anfügen, dass sich das Weltwunder Willowville im Gegensatz zur Cheopspyramide in drei statt in fünfzig Jahren errichten lässt. Andererseits: Wenn die Bevölkerung

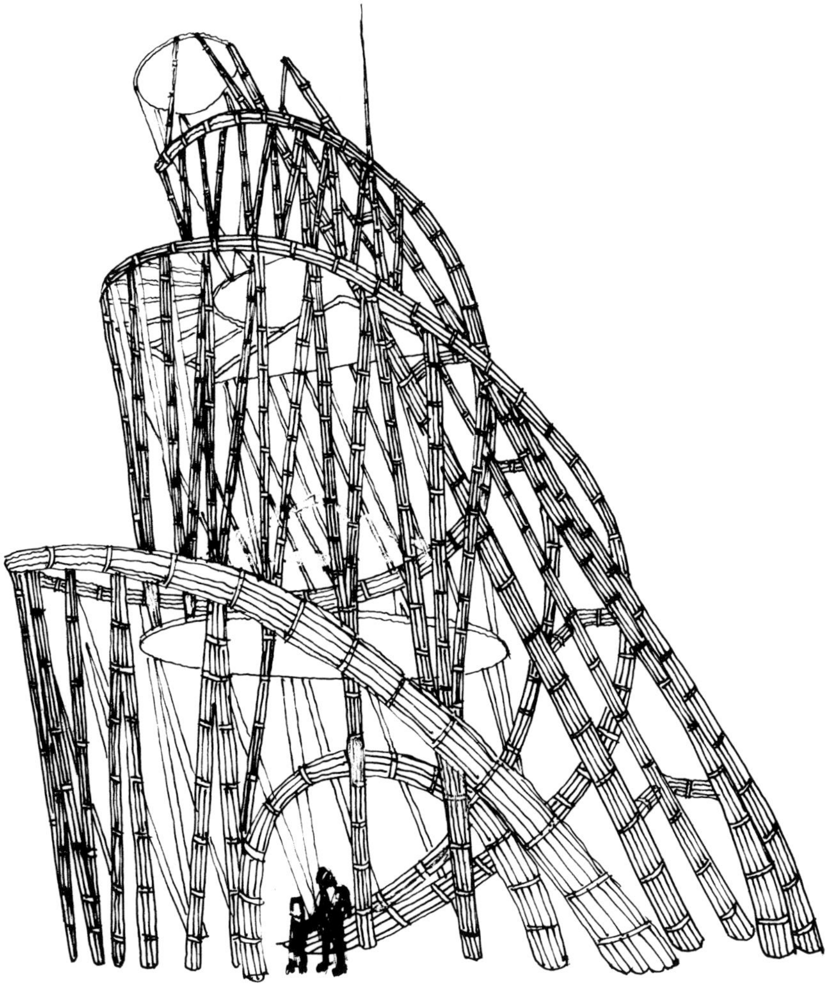

Tatlin lässt grüßen

von Gera und Ronneburg irgendwann einmal die Lust am Erhalt und Ausbau von Willowville verliert, kann es sein, dass die Archäologen der Zukunft, wenn sie in viertausend Jahren dort graben sollten, nichts finden werden außer einer uralten Kompostschicht, weil die Weidenpyramide voll rezyklierbar ist.«
Doch Evas Zweifel gehen noch in eine andere Richtung. »Meinst du nicht, dass die Damen und Herren Entscheidungsträger in Gera und Ronneburg bei diesem Konzept einen Mangel an intellektueller Stringenz monieren werden?«

»Das ist das Stichwort!«, ruft Adam begeistert aus. »Die Kopfweiden heißen Kopfweiden, weil sie die Intellektuellen unter den Weiden sind: Sie denken sich etwas bei dem, was sie wachsen lassen. Im Kopf der Kopfweiden schlummert der intelligente Masterplan, das volle architektonische Weltprojekt, das sie durch uns zum Erwachen bringen wollen. Wir sind die ausführenden Organe, die höflicherweise in dem Glauben gelassen werden, das alles selbst ausgeheckt zu haben, dabei sind die allenthalben ersprießenden Weidenbauten die Vehikel, mit denen die Weiden – Köpfchen, Köpfchen! – uns dazu bringen, in die Verwirklichung ihrer für die Biosphäre und das Sonnensystem maximal verträglichen Paradieszukunft zu investieren und dies zur Bundesgartenschau 2007 unübersehbar deutlich zu machen undsoweiterundsofort ...«

7 Wenns am schönsten ist, sollte man nicht unbedingt aufhören, aber mit den Dementis beginnen: Es stimmt nicht, dass die anfangs zitierten Passagen so von Paul Scheerbart verfasst wurden. Sie lehnen sich aber hautnah ans Original an, und die Lektüre der tatsächlich 1914 erschienenen »Glasarchitektur« lohnt sich allemal. Es ist eben so, dass man sich beim Beginn von etwas Neuem gerne auf die Vergangenheit stützt wie ein Fußkranker auf den Stock. Nur deswegen haben wir Scheerbarts historische Antizipation des Weidenbaus rückwirkend nacherfunden, um die Vorausschau auf ein fingiertes Fundament zu stellen, das der heutige Weidenbau so aber gar nicht besitzt und auch nicht nötig hat, denn sonst gäbe es ihn nicht. Möglicherweise wird aber weder der retuschierte Scheerbart-Text noch die hier folgende Aufklärung von der Zielgruppe wahrgenommen, denn Architekten sind ein unglaublich leseunwilliger Berufsstand (»Architekten lesen nicht. Bücher für Architekten, die aus Texten anstatt aus Bildern bestehen, sind Sensationserfolge.« Zit. nach: »Wer baut, liest nicht« von Gert Kähler, in: Süddeutsche Zeitung, 24.08.2002). Nachdem sie die obligatorischen Diavorträge ihrer Kollegen über sich haben ergehen lassen, sind die Architekten nämlich immer so schlaftrunken, dass ihnen für die Lektüre von Fachbüchern wie diesem jede Kraft fehlt.
Auch dürfen wir Folgendes nicht vergessen: Marcel Kalberer ist ein in jeder Hinsicht freier Architekt. Als solcher hat er sich und uns die Erlaubnis erteilt, gewisse historische Stromlinien, insbesondere der gotischen Baugeschichte, etwas plausibler darzustellen, als es die Quellenlage hergibt, nämlich im Sinne von »frei verbürgt historisch erfunden«.

8 Alles andere ist wahr.

Conference Paradise – Santa Planta

Rudolf Doernach

Konferenzlaube Santa Planta. Mobile Floßkirche im Puget Sound von Seattle: Naturklima, Thermokleidung, selbst wachsend, Früchte tragend, musiziert mit Umweltenergie selbst; Solargerät, Flügeldach, Eigenentsorgung. Besucher lustwandeln »up and down« in DNS-Spiralen.

Gates to Heaven

DORNACH '84

Gedicht der vielköpfigen Kopfweidenhydra

Werden die wachsenden Weiden alljährlich
an sauberen Schnittstellen anfänglich
geschnitten Jahr für Jahr,
so erwachsen die zu Weidenschnittstellen,
aus denen weidige Köpfe sich recken,
frisiert werden wollens
mit coiffeuristischer Finesse.
Und ein jeglicher Einzelweidenkopf
darf nach eigenem Façonschnitt
selig werden.

Entfalten tut sich Jahr für Jahr
das vielköpfige Weidentum
zum vielköpfigen Weidenturm,
die Strenge der ursprünglichen Geometrie
auswuchernd zur multiplen Hydra,
der umso mehr Köpfe wachsen,
je mehr man ihr abschlägt.
Und ein jeglicher Weidenkopf verblüfft
mit einer Janusköpfigkeit,
die schizophren weder wird noch wirkt.

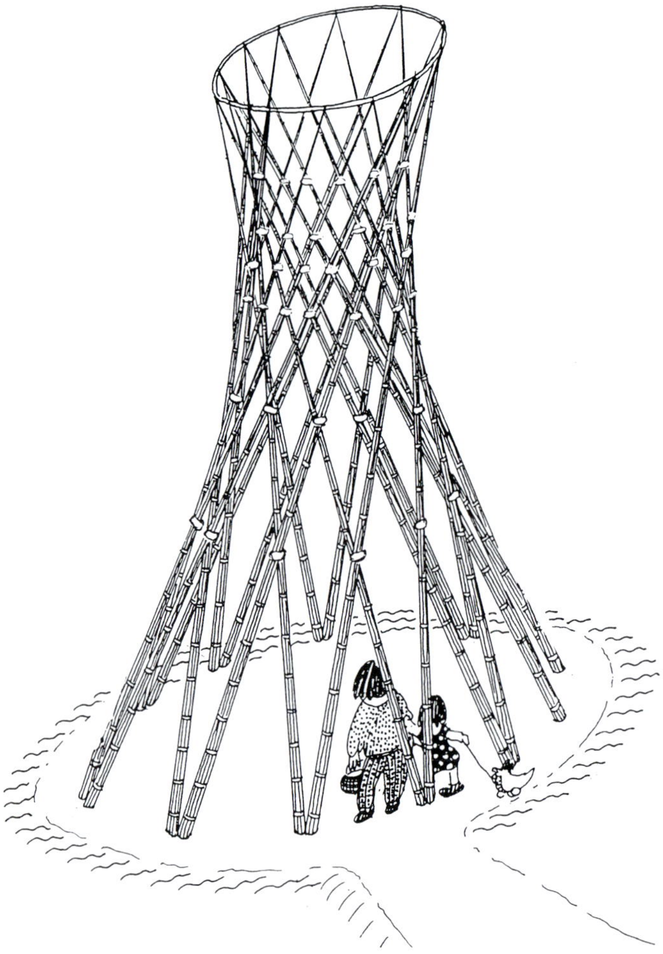

Auch Suchov kann wachsen

Zu den Architekten, Autoren, Künstlern

Marcel Kalberer, geboren 1947 in St. Gallen. Dipl.-Ing. (Arch.), Bau- und Aktionskünstler. 1977 Gründung der Baukunstgruppe Sanfte Strukturen. Festivalgestaltungen, Bambus- und Weidenkonstruktionen. Lebt in Heggelbach-Herdwangen am Bodensee.
marcel.kalberer@t-online.de
www.sanftestrukturen.de

Micky Remann, geboren 1951 in Frankfurt. Multimediakünstler, Mitinitiator von Projekten wie dem Auerworldpalast und Erfinder von »Liquid Sound«. Autor von Büchern wie »Der Globaltrottel», »SolarPerplexus« und »Ozeandertaler«. Kulturdirektor der Toskana Therme Bad Sulza und der Liquidrom Therme Berlin. Lebt in Auerstedt/Toskana des Ostens.
lquidsound@t-online.de
www.Liquid-Sound.de / www.Liquidrom.com
www.Auerworld.de

Rudolf Doernach, geboren 1929 in Waiblingen. Biotekt und Waldbauer. Naturwerkstatt (Bioversität). Seit 1965 internationale Publikationen über Biotektur und Hydrotektur. Lebt in Wildberg/Schwarzwald.
RDBioversityTele@aol.com

Walfried Pohl, geboren 1929 in Berlin. Architekturhistoriker, seit 1996 Projektleitung für den Deutschen Werkbund NW, EXPO-2000-Projekt »Aus Hecken werden Häuser«, dazu Projekt »Minimalistische Kunst im Rahmen minimalistischer Architektur«. Lebt in Bonn.
Walfried.pohl@t-online.de

Luzia Mayer, geboren 1930 in Heidelberg. Aktionskünstlerin, seit 1996 Projektleitung für den Deutschen Werkbund NW, EXPO-2000-Projekt »Aus Hecken werden Häuser« in Bonn. Lebt in Bad Liebenzell.
Luzia.mayer@t-online.de

Luc Schuiten, geboren 1944 in Brüssel. Architekt, Architekturvisionär und Comiczeichner. Projekte für vertikale Gärten, Zeichnungen Brüssel 1850–2150. Lebt in Brüssel.
Luc.schuiten@chello.be

Bodo Rasch, geboren 1944 in Stuttgart. Dr. Dipl.-Ing. Architekt. Seit 1980 Büro für Leichtbau-Sonderkonstruktionen SL-Rasch. Zusammenarbeit mit Frei Otto. Zeltkonstruktionen und Schirme vor allem im Nahen Osten. Lebt in Leinfelden-Oberaichen.
bodo@sl-rasch.de
www.sl-rasch.de

Switbert Greiner, geboren 1945 in Kassel. Dr.-Ing., Büro für Tragwerksplanung und Konstruktion. Leichtbau, Textilbau, Kunstobjekte, natürliche Konstruktionen. Besondere Interessen: Strukturformen der Natur, komplexe räumliche Geometrie. Lebt in Leinfelden-Oberaichen.
swgreiner@t-online.de

Herbert Sitterle, geboren 1946 in Sulzburg. Diakon und Geschäftsführer des SAK in Lörrach. Initiator der Weidenkuppel in der Grütt, Baslerplatz. Lebt in Lörrach.
h.sitterle@t-online.de
www.sak-loerrach.de

Ulla Kreutz, geboren 1948 in Bergisch Gladbach. Koordinatorin für den Bau der Kölner Weidenarena. Studiendirektorin an der Gesamtschule Köln-Holweide. Berät
Schulen im Bereich Umwelt und Entwicklung. Lebt in Bergisch Gladbach.
Ulla.Kreutz@t-online.de
www.kbs-koeln.de/igs-holweide/seiten/weidenarena/

Konrad Chmielewski, Architekt, geboren 1948 in Warschau, und Jaček Marzan, Architekt, geboren 1959 in Krasnik Lubelski. Seit 1983 Atelier für Architektur, Landschaftsarchitektur und Stadtplanung in Warschau.
Fax 0048 22 279 137

Georg Coenen, geboren 1949 im Rheinland. Lehrer. Seit 1990 Mitarbeiter der Pädagogischen Beratungsstelle «Grün macht Schule», Berlin. Initiator der Weidenkuppel am FEZ. Lebt in Berlin.
Georg.Coenen@berlin.de
www.gruen-macht-schule.de

Dorothera Kalb-Brenek, geboren 1953 in Ulm-Wiblingen. Freie Mosaikkünstlerin. 1977 Gründung der Baukunstgruppe Sanfte Strukturen. Brunnenanlagen, Mitmachaktionen.
Seit 1992 Tour de Culör – Performances/Installationen. Autorin des Buches »Mosaik. Ideen – Kunst – Technik«, Aarau: AT Verlag 2001. Lebt in Herdwangen-Heggelbach am Bodensee.
dorothea@sanftestrukturen.de
www.sanftestrukturen.de

Ulrich Holbein, geboren 1953 in Erfurt. Buchautor, Zeitungs- und Radioautor. Bücher unter anderem: »Ungleiche Zwillinge«, »Drehwurm«, »Januskopfweh«. Lebt bei Allmuthshausen/Nordhessen.
knuell@t-online.de

Wolfgang Zaumseil, geboren 1953 in Konstanz. Dipl.-Ing., freier Architekt, Baukünstler. Kooperative Projektgestaltung in Schulen, Kindergärten, sozialen Brennpunkten und im öffentlichen Raum. Verbindung von Kunst, Handwerk und Pädagogik. Lebt in Stuttgart.
wolfgang.zaumseil@t-online.de

Toni Anderfuhren, geboren 1954 in Winterthur. Spielträumer. Pro-Juventute/ Spiel- und Pausenplatzberater. »Egal was Sie für eine Lösung suchen, ich mache Ihnen ein Problem.« Lebt in Bauma, Schweiz.
Toni.anderfuhren@tiscalinet.ch

Bernhard Gawenat, geboren 1955 in Karlsruhe. Dipl.-Ing. (Arch.). Seit 1987 Leichtbauberatung, Formfindung und Zuschnitte in der Firma SL-Rasch Gmbh, Oberaichen. Seit 2001 Geschäftsführung Tentum GmbH, Stuttgart. Lebt in Schopfloch-Unteriflingen im Schwarzwald.
gawenat@tentum.de

Bernhard Aggeler, geboren 1956 in Mels, Schweiz. Reallehrer, Kantonsrat. Liebt die Natur, Landschaftsgestaltung, Politik. Lebt in Sargans, Schweiz.
be.aggeler@bluewin.ch

Eugen Lüdi, geboren 1958 in Willadingen. Kaufmann, seit 1986 Mitinhaber des Bio Bau Zentrum BBZ, Langenthal, Bau(m)aktionen, Umgekehrte Bäume. Seit 1988 Mitarbeit bei Sanfte Strukturen. Lebt in Langenthal, Schweiz.
eugen.luedi@spectraweb.ch
www.baumkrone.ch

Annette Bussmann, geboren 1962 in Hagen, Westfalen. Master of Art (Umweltbildnerin). Leitet seit 1996 die Informations- und Beratungsstelle Umweltbildung (inbu, Hagen). Liebt es, mit Kindern die Natur zu entdecken. Malt, gärtnert und kocht gerne. Lebt in Gevelsberg.
bussmann@inbu.de
www.inbu.denline.de

Therese Vögtlin, geboren 1964 in Bülach, Schweiz. Werklehrerin, Spielraumberaterin, Arbeiten mit Stein. Eigene Weidenprojekte, Weidenspielgeräte, Weidenaktionen. Seit 1998 Mitarbeit bei Sanfte Strukturen. Lebt in Oberhelfenschwil, Schweiz.
See-therese@freesurf.ch

Bernadette Mercx Lüdi, geboren 1966 in Tilburg, Niederlande. Bau- und Aktionskünstlerin. Seit 1993 Mitarbeit bei Sanfte Strukturen. Lebt in Langenthal, Schweiz.
bdette@web.de

Konstantin Kirsch, geboren 1966 in Telgte (Kreis Warendorf). Häuserpflanzer und Networker. Lebt in Kassel.
look@visionlife.de
www.naturbauten.com

Sandra Arnts, geboren 1967 in Minden. Freischaffende Künstlerin, arbeitet vorwiegend mit Holz, lebende Skulpturen, Objekte für Innen- und Außenräume, Baumliebhaberin, Weidenkunstgemeinschaft Astwerke. Lebt in Hille.
sandra-arnts@gmx.de

Jan Deicke, geboren in Dresden. Dipl.-Sozialpädagoge, Naturpädagoge, Geschichtenerzähler und Musiker. Seit 2001 NaturKlangSpiel Geschichten. Lebt in Dresden.
jan-deicke@web.de

Petra Evacic, geboren 1974 in Friedrichshafen. Modegestalterin, Hutmacherin, Bambus- und Zeltkonstruktionen. Seit 1993 Mitarbeit bei Sanfte Strukturen. Lebt in Rothenlachen.
p.d@web.de

Anna Kalberer, geboren 1975 in Stuttgart. Musikerin/Sängerin, Modellbauerin, Bambus- und Zeltkonstruktionen. Seit 1993 Mitarbeit bei Sanfte Strukturen. Lebt in Berlin.
annasonne@web.de

Fotonachweis

Aggeler, Bernhard, Sargans S. 56, 57
Arnts, Sandra, Hille S. 112
Anderfuhren, Toni, Bauma S. 57
Deicke, Jan, Dresden S. 19
Eggert, Sylvia, Naundorf S. 20
Handricks, Sabine, Lambrechtshagen S. 84, 85
Hruschka, Helmut, Binzen S. 41
Kalb-Brenek, Dorothea, Herdwangen S. 10, 24, 46, 47, 52
Kalberer, Philemon, St. Gallen S. 77
Kalberer, Marcel, Herdwangen S. 6, 7, 8, 11, 12, 13, 14, 16, 17, 20, 22, 23, 25, 26, 27, 28, 29, 30, 31, 32, 33, 35, 36, 37, 39, 42, 44, 45, 51, 53, 54, 55, 58, 59, 60, 61, 64, 65, 66, 68, 70, 78, 81, 84, 86, 102, 103
Klonowski, Helmut, Rostock S. 74, 75
Kirsch, Konstantin, Kassel S. 20
Klausmann, Ulrike, Köln S. 66
Krause, Karin, Borna S. 31
Metzler, Wolfgang, Köln S. 62, 63, 67
Placzek, Udo M., Hagen S. 70, 71
Pohl, Walfried, Bonn S. 48
Quartier, Thomas, Lörrach S. 42, 43
Rohner, Philippe, Genf S. 76, 77
Schieber, Bernhard, Waiblingen S. 61
Sens, Wolfgang, Torgau S. 21
Vögtlin, Therese, Oberhelfenschwil S. 14, 15
Warzecha, Rainer, Berlin S. 18

Zeichnungen

Chmielewski, Konrad; Marzan Jaček, Warschau S.98, 99, 100, 101
Claus, Jürgen, München S. 115
Doernach, Rudolf, Wildberg S. 118, 119
Feldmann, Susanne, Kassel S. 20
Gawenat, Bernhard, Schopfloch S. 32, 38, 40, 41
Greiner, Switbert, Leinfelden S. 45
Mercx, Bernadette, Langenthal S. 104
Schuiten, Luc, Brüssel S. 105, 106, 107, 108, 109, 110, 111
Wiechula, Arthur, Berlin S. 74
Zaumseil, Wolfgang, Stuttgart S. 92, 116
Kalberer, Marcel, Herdwangen: Alle anderen Zeichnungen

Marcel Kalberer Micky Remann
Das Weidenbaubuch
Die Kunst, lebendige Bauwerke zu gestalten

Aus Weidenruten entsteht auf einfachste Weise lebendige Architektur. Das Buch weckt mit einer Fülle von Beispielen – vom einfachen Weidentunnel im Kindergarten bis zum filigranen Weidenpalast für tausend Besucher – die Lust am natürlichen Bauen. Praktische Anleitungen und zahlreiche Bilder regen zu eigenem Tun an. Für Kindergarten und Schule, Familien und Selbstbauer, die ihre eigenen konstruktiven Fantasien zwischen Architektur und Gartenkunst umsetzen wollen.

Dorothea Kalb-Brenek
Mosaik
Ideen – Kunst – Technik

Ein Anleitungs- und Ideenbuch für vielfältigste freie Mosaikarbeiten – im Innen und Außenbereich, am Bau, in der Gartengestaltung und für plastische Arbeiten. Über 300 Abbildungen veranschaulichen Materialien, Werkzeuge, Entstehungsprozesse und Beispiele von der kleinen Mosaiktafel bis zur großen Platzgestaltung.
Mit technischen Beschreibungen und praktischen Tipps, Gedanken und Erfahrungen, Legenden und Anekdoten. Ein Buch zum Blättern, Lesen, Schauen und mit vielfältigen Anregungen, selbst kreativ zu werden.

Peter Richard
Lebendige Naturgärten planen, gestalten, pflegen

Stefan Brönnle
Der Paradiesgarten
Gärten der Kraft planen und gestalten

David Pearson
Das natürliche Haus
Gesund, harmonisch und ökologisch bauen, gestalten und wohnen

Marcus Schmieke
Die Kraft lebendiger Räume
Das große Vastu-Buch
Der indische Ursprung des Feng-Shui

Eva-Maria Müller Tschopp Eric Tschopp
Der richtige Platz
Wasseradern, Erdstrahlung und Elektrosmog mit Rute und Pendel finden und harmonisieren

Otto Schärli
Werkstatt des Lebens
Durch die Sinne zum Sinn

Andrea Frommherz Edith Biedermann
Kinderwerkstatt Bäume
Mit Kindern die Zauberwelt der Bäume und Sträucher entdecken

Andrea Frommherz Edith Günter-Biedermann
Kinderwerkstatt Zauberkräuter
Mit Kindern die Geheimnisse und Heilkräfte der Pflanzen entdecken

Martin Krampfer Heinz Knieriemen
Kinderwerkstatt Naturfarben und Lehm
Spielen, werken und bauen mit natürlichen Materialien

Klaus Schillberg Heinz Knieriemen
Bauen und sanieren mit Lehm
Kork, Hanf und Schilf in modernen Lehmbau-techniken

Gerd Ziesemann Martin Krampfer
Heinz Knieriemen
Natürliche Farben
Anstriche und Verputze selber herstellen

AT Verlag
Bahnhofstrasse 39–43
CH-5001 Aarau
Telefon ++41-(0)62 836 62 46
Fax ++41-(0)62 836 66 67
E-mail: at-verlag@azag.ch
Internet: www.at-verlag.ch